トクとトクイになる！ 小学ハイレベルワーク

6年 理科　もくじ

第1章　ものが燃えるしくみ
1 ものが燃え続ける条件 …… 4
2 ものが燃える前後の空気の変化 … 8
✛ チャレンジテスト …… 12

第2章　人の体のつくりとはたらき
3 食べ物の消化と吸収 …… 14
4 吸う空気とはく空気 …… 18
5 血液の流れ …… 22
✛ チャレンジテスト …… 26

第3章　植物の養分と水の通り道
6 植物の体の中の水の通り道 …… 28
7 植物がでんぷんをつくるしくみ …… 32
✛ チャレンジテスト …… 36

第4章　生き物と環境
8 食べ物を通した生き物のつながり … 38
9 空気や水と生き物のつながり …… 42
✛ チャレンジテスト …… 46

第5章　月と太陽
10 月の見え方 …… 48
✛ チャレンジテスト …… 52

第6章　土地のつくりと変化
11 地層の観察 …… 54
12 地層のでき方 …… 58
13 火山や地震と大地の変化 …… 62
✛ チャレンジテスト …… 66

第7章　水よう液の性質
14 水よう液にとけているもの …… 68
15 水よう液の性質 …… 72
16 金属と水よう液 …… 76
✛ チャレンジテスト …… 80

第8章　てこの規則性
17 てこのはたらき，てこを使った道具 … 82
18 てこのつり合い …… 86
✛ チャレンジテスト …… 90

第9章　電気の利用
19 電気をつくる …… 92
20 電気をためる，電気の利用 …… 96
✛ チャレンジテスト …… 100

思考力育成問題 …… 102

答えと考え方　別冊

【写真提供】アフロ，PIXTA

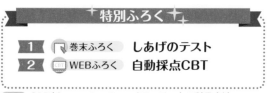

✦ 特別ふろく ✦

1 📖 巻末ふろく　しあげのテスト
2 💻 WEBふろく　自動採点CBT

WEB CBT(Computer Based Testing)の利用方法
コンピュータを使用したテストです。パソコンで下記 WEB サイトへアクセスして，アクセスコードを入力してください。スマートフォンでのご利用はできません。

アクセスコード／Frbbb249

https://b-cbt.bunri.jp

JN060573

この本の特長と使い方

この本の構成

標準レベル ✦

実力をつけるためのステージです。
実験・観察の方法とあわせて各テーマで学習する内容を
まとめた左ページと，標準レベルの演習問題をまとめた
右ページで構成しています。
「キーポイント」では，覚えておきたい大切なポイント
をまとめています。

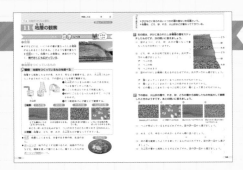

ハイレベル ✦✦

少し難度の高い問題で，応用力を養うためのステージで
す。
グラフなどをかく作図問題や長めの文章で答える記述問
題，実験・観察器具の使い方や計算問題など，多彩でハ
イレベルな問題で構成しています。

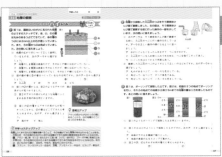

チャレンジテスト ✦✦✦

テスト形式で，章ごとの学習内容を確認するためのス
テージです。
時間をはかって取り組んでみましょう。
発展的な問題にも挑戦することで，実戦力を養うことが
できます。

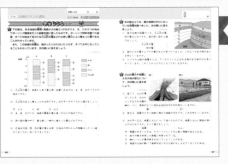

思考力育成問題

知識そのものだけで答えるのではなく，知識をどのよう
に活用すればよいのかを考えるためのステージです。
資料を見て考えたり，判断したりする問題で構成してい
ます。
知識の活用方法を積極的に試行錯誤することで，教科書
だけでは身につかない力を養うことができます。

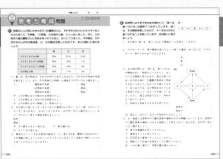

とりはずし式 答えと考え方 ていねいな解説で，解き方や考え方をしっかりと理解することができます。
まちがえた問題は，時間をおいてから，もう一度チャレンジしてみましょう。

『トクとトクイになる！小学ハイレベルワーク』は，教科書レベルの問題ではもの足りない，難しい問題にチャレンジしたいという方を対象としたシリーズです。段階別の構成で，無理なく力をのばすことができます。問題にじっくりと取り組むという経験によって，知識や問題を解く力だけでなく，「考える力」「判断する力」「表現する力」の基礎も身につき，今後の学習をスムーズにします。

おもなコーナー

 中学へのステップアップ
中学校で取り組む学習事項へのつながりを紹介したコラムです。興味・関心に応じて，学習しましょう。

 思考力アップ
科学的思考力アップのためのアドバイスコーナーです。課題を見つけ，解決するためのヒントを探し，自分の知識を使って課題を解決する方法を考える力を養います。

身のまわりの科学に注目し，興味・関心を引き出すコラムです。環境や資源に関わること，不思議な自然現象など，さまざまなことを紹介しています。

これまで学習してきた内容を，ゲーム感覚で楽しく遊んで確認することができるコーナーです。頭の体操として，チャレンジしてみましょう。

役立つふろくで，レベルアップ！

①トクとトクイに！ しあげのテスト
この本で学習した内容が確認できる，まとめのテストです。学習内容がどれくらい身についたか，力を試してみましょう。

②一歩先のテストに挑戦！ 自動採点 CBT
コンピュータを使用したテストを体験することができます。専用サイトにアクセスして，テスト問題を解くと，自動採点によって得意なところ（分野）と苦手なところ（分野）がわかる成績表が出ます。

「CBT」とは？
「Computer Based Testing」の略称で，コンピュータを使用した試験方式のことです。受験，採点，結果のすべてがWEB上で行われます。
専用サイトにログイン後，もくじに記載されているアクセスコードを入力してください。

https://b-cbt.bunri.jp

※本サービスは無料ですが，別途各通信会社からの通信料がかかります。
※推奨動作環境：画角サイズ　10インチ以上　　横画面
　[PCのOS] Windows10以降　　[タブレットのOS] iOS14以降
　[ブラウザ] Google Chrome（最新版）　Edge（最新版）　safari（最新版）
※お客様の端末およびインターネット環境によりご利用いただけない場合，当社は責任を負いかねます。
※本サービスは事前の予告なく，変更になる場合があります。ご理解，ご了承いただきますよう，お願いいたします。

1 ものが燃え続ける条件

標準 レベル

トライ
しよう

●ものの燃え方と空気の動き

🧪 **実験　びんの中のろうそくの燃え方と空気の動きを調べる**

●びんの中のろうそくが燃える条件を調べてみよう！

❶びんの下や上にすき間をつくり，ろうそくが燃え続けるかを調べる。

あ下だけにすき間

底のない
集気びん

ねん土　　すき間

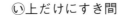

い上だけにすき間

すき間

う上下にすき間

!結果

あ→やがて火が消えた。

いとう→燃え続けた。

❷❶で燃え続けたいとうのびんのすき間に火のついた線こうを近づけ，けむりの動きを調べる。

い

線こう

けむりの
動き

う

線こう

!結果

い→けむりは，上のすき間から流れこんで，上のすき間から出ていった。

う→けむりは，下のすき間から流れこんで，上のすき間から出ていった。

★考察

ろうそくが燃え続けるには，**空気が入れかわる必要がある。**

●ものを燃やし続けるためのくふう

たき火やバーベキューのかまどで火を燃やすときは，空気の通り道ができるように，すき間をつくって木や炭をつむとよく燃えます。また，下からうちわなどで空気を送ると，さらによく燃えるようになります。

キーポイント

▶ものが燃え続けるには，常に空気が入れかわる必要があります。
▶たき火などでは，空気の通り道ができるように，木や炭をつむようにします。

1 図の㋐のように，すき間のないびんの中に入れたろうそくの燃え方を調べました。また，図の㋑～㋓のように，びんの上や下にすき間をつくり，ろうそくの燃え方を調べました。あとの問いに答えましょう。

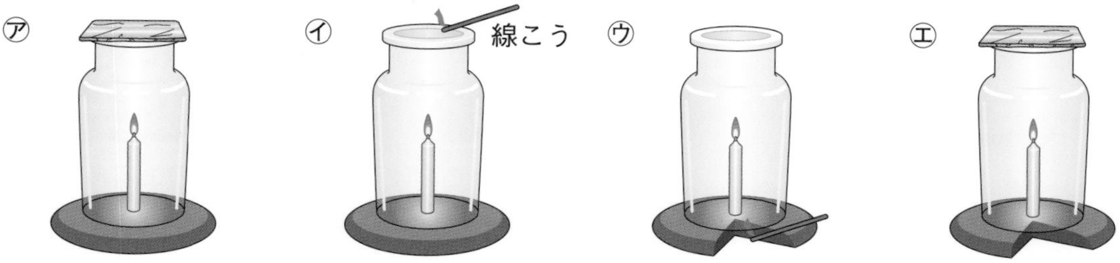

(1) ろうそくの火が燃え続けるものを，図の㋐～㋓から2つ選びましょう。

（　　　　）（　　　　）

(2) 図の㋑のびんの口と，㋒のびんの下のすき間に火のついた線こうを近づけ，けむりの動きを調べました。

① 線こうのけむりの動きから，何を調べることができますか。

（　　　　　　　　）

② ㋑，㋒では，線こうのけむりはそれぞれびんの中に入りますか。

㋑（　　　　　　　　）

㋒（　　　　　　　　）

(3) (1)で選んだびんの中で，ろうそくの火が燃え続けるのはなぜですか。「空気」という言葉を用いて書きましょう。

（　　　　　　　　　　　　　　　　）

2 図1，2のようなびんの中で，ろうそくが燃えています。びんのすき間に火のついた線こうを近づけたところ，けむりがびんの中に入っていきました。これらのけむりはどのようにびんの外に出ていくのでしょうか。けむりの動きを，図に矢印でかきこみましょう。

図1

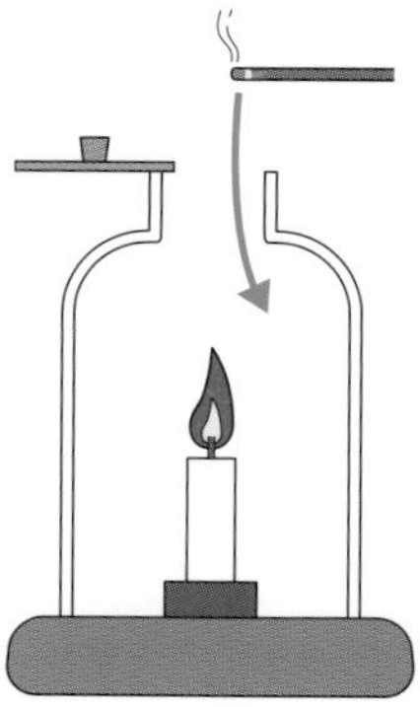

図2

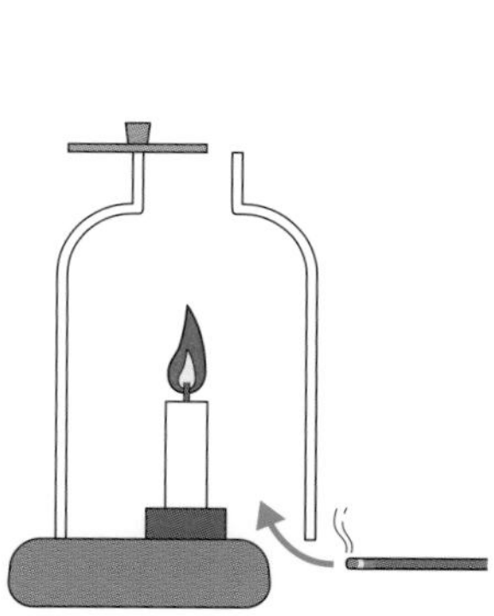

1 ものが燃え続ける条件

答え▶ 2 ページ

ハイ レベル　マスターしよう

❶ 次の図のように，かんの中で木を燃やしました。あとの問いに答えましょう。

ア
木
あなをあけない。

イ
あな
かんの下にあなをあける。

ウ
かんの上にあなをあける。

(1) かんの中の木が最もよく燃えるものを，図のア〜ウから選びましょう。

（　　　　　　　）

(2) (1)で選んだかんの中の木がよく燃えるのは，かんの中を空気がどのように移動するからですか。

（　　　　　　　）

(3) 図のイのかんに入れる木の本数を増やし，かんの中のすき間を少なくしました。木の燃え方はどのようになりますか。理由とともに答えましょう。

（　　　　　　　　　　　　　　　　　　　　）

❷ バーベキューをするときに，図1のようにまきを燃やしましたが，まきはほとんど燃えませんでした。そこで，図2のようにうちわやかなあみを用いたところ，まきがよく燃えるようになりました。あとの問いに答えましょう。

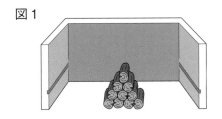
図1

うちわで
あおぐ

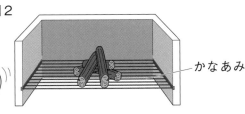
図2
かなあみ

(1) 図1で，まきがほとんど燃えなかったのはなぜですか。

（　　　　　　　）

(2) 図2で，うちわやかなあみを用いたとき，まきがよく燃えるようになったのはなぜですか。それぞれの道具について答えましょう。

（　　　　　　　）
（　　　　　　　）

❸ 図1のように，上に口が開いていて，底にすき間がない㋐のびんと，底にすき間がある㋑のびんの中に火のついたろうそくをそれぞれ入れました。どちらのろうそくも燃え続けましたが，よく燃えたのは㋑のびんの中のろうそくでした。次の問いに答えましょう。

図1

(1) あたためられた空気はどのように動きますか。次のア～ウから選びましょう。　　　（　　　　　）

　　ア　上から下に動く。
　　イ　下から上に動く。
　　ウ　その場で均等に広がっていく。

🏠 中学へのステップアップ

空気などの気体や水などの液体は，温度が高くなるほど軽くなります。このため，あたためられて温度の高くなった空気は上へ移動します。逆に，温度の低い空気は下へ移動するため，空気の流れが起こります。このように，温度が異なる気体や液体が移動して熱が運ばれることを対流といいます。

(2) (1)のことをもとに，㋑のびんの中のろうそくがよく燃えた理由を答えましょう。
　（　　　　　　　　　　　　　　　　　　　　　　　　　　　）

(3) 図1の㋑のびんについて，ふたを用いて，図2のように少しずつ口をせまくしていきました。

図2
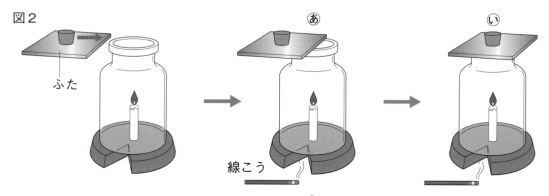
ふた　　　　　　　　　　あ　　　　　　　　　　い
線こう

① 図2のあ，いのとき，びんの下のすき間に火のついた線こうを近づけました。あ，いでは，線こうのけむりはどうなりましたか。次のア，イから選びましょう。　　あ（　　　　）　い（　　　　）
　　ア　びんの中に入っていった。　　イ　びんの中には入らなかった。

② 図2のいの状態のままにすると，やがてびんの中のろうそくの火はどうなりますか。　　　　　　　　　　　　　　（　　　　　　　）

(4) アルコールランプの火を消すときに，ふたをかぶせるのはなぜですか。
　（　　　　　　　　　　　　　　　　　　　　　　　　　　　）

2 ものが燃える前後の空気の変化

標準レベル　トライしよう

●気体検知管の使い方

❶気体検知管の両はしを折りとり，一方の先を気体採取器にとりつける。

❷ハンドルを引いて空気をとりこむ。

❸一定時間後，目盛りを読みとる。

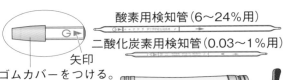

酸素用検知管（6〜24％用）

二酸化炭素用検知管（0.03〜1％用）

矢印

ゴムカバーをつける。

二酸化炭素用検知管
（0.5〜8％用）

気体採取器　　ハンドル

※酸素用検知管は，熱くなるので注意する。

●ものが燃える前後での空気の成分の変化

実験　ものが燃える前後の空気の成分を調べる

●ろうそくが燃える前後の空気の成分を調べてみよう！

❶気体検知管で調べる。

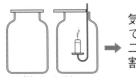

気体検知管で，酸素と二酸化炭素の割合を調べる。

燃やす前
▶ 21%
↓
燃やしたあと
17%

燃やす前
0.04%
↓
燃やしたあと
3.2%

酸素

二酸化炭素

！結果

●ろうそくが燃えたあと，酸素の割合が小さくなり，二酸化炭素の割合が大きくなった。

❷石灰水の変化を調べる。

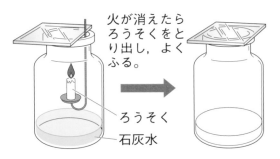

火が消えたらろうそくをとり出し，よくふる。

ろうそく

石灰水

！結果

●ろうそくを入れる前の空気…石灰水は変化がなかった。

●火が消えたあとの空気…石灰水が白くにごった。

★考察　ものが燃えると，酸素が使われて二酸化炭素ができる。

　空気は，ちっ素，酸素，二酸化炭素などの気体が混ざり合っている。**ものを燃やすはたらきは，酸素にはあるが，ちっ素と二酸化炭素にはない。**

　ものが燃えると，**空気中の酸素の一部が使われて，二酸化炭素が増える。**

ものが燃える前後の空気の成分

まわりの空気　　　　二酸化炭素やほかの気体

ちっ素	酸素

ものが燃えたあとの空気

ちっ素	酸素

0　10　20　30　40　50　60　70　80　90　100%
（空気中の気体の体積の割合）

キーポイント

▶空気中にふくまれる気体で，ものを燃やすはたらきがあるのは酸素(さんそ)である。
▶ものが燃えると，空気中の酸素(さんそ)の一部が使われて，二酸化炭素(にさんかたんそ)が増える。

1 **図1のように，空気の入ったびん㋐と，中でろうそくが燃えた後のびん㋑を用意し，気体検知管でそれぞれの集気びんの中の酸素(さんそ)と二酸化炭素(にさんかたんそ)の体積の割合を調べると，図2の[あ]～[え]のようになりました。あとの問いに答えましょう。**

図1

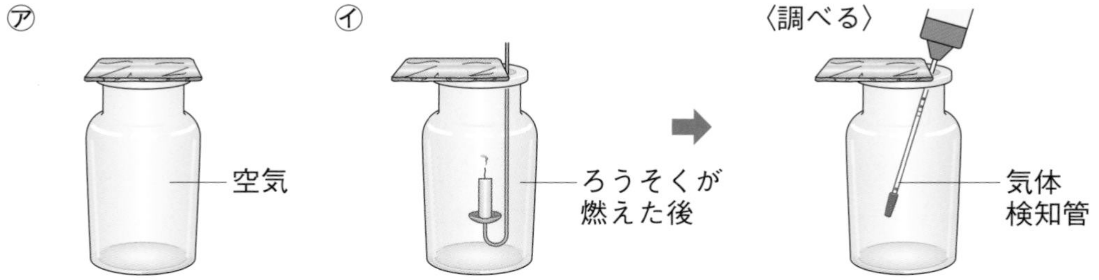

図2

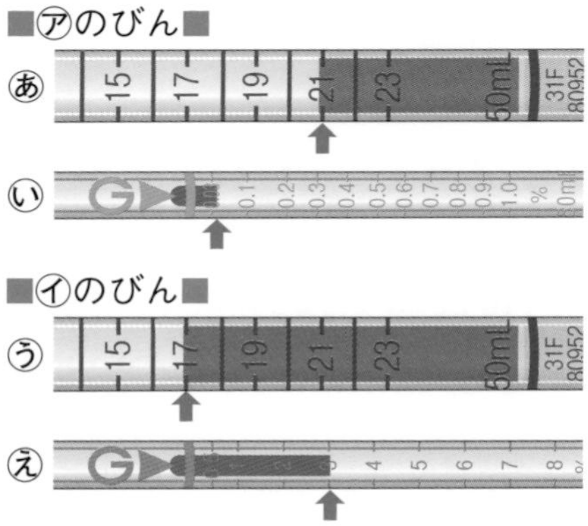

(1) ㋐のびんの中の酸素(さんそ)の体積の割合は何％ですか。図2の[あ]，[い]を見て答えましょう。
( )

(2) ㋑のびんの中の二酸化炭素(にさんかたんそ)の体積の割合は何％ですか。図2の[う]，[え]を見て答えましょう。
( )

(3) 石灰水(せっかいすい)を入れてびんをふったとき，石灰水(せっかいすい)が白くにごるのは，図１の㋐，㋑のどちらですか。
( )

(4) ろうそくが燃えると，①酸素(さんそ)や②二酸化炭素(にさんかたんそ)の体積の割合はどのようになりますか。
①( ) ②( )

2 **右の表は，集気びんの中でろうそくを燃やし，燃える前後の空気にふくまれる気体㋐，㋑の体積の割合を調べたものです。次の問いに答えましょう。**

	①	②
㋐	21％	17％
㋑	0.04％	3％

(1) 表の㋐，㋑にあてはまる気体はそれぞれ何ですか。
㋐( ) ㋑( )

(2) 燃えた後の空気を表しているものを，表の①，②から選びましょう。
( )

(3) ろうそくが燃えると，空気中のちっ素(そ)の体積の割合はどのようになりますか。
( )

2 ものが燃える前後の空気の変化

答え▶3ページ

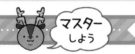

ハイレベル　マスターしよう

1 気体検知管について，次の問いに答えましょう。

(1) 次のア〜オは，気体検知管の操作について説明したものです。正しい操作の順に並べましょう。　(　　→　　→　　→　　→　　)

ア 色が変わったところの目盛りを読む。

イ ハンドルをいっきに引いて，調べたい空気をとりこむ。

ウ 気体検知管の両はしをチップホルダで折りとる。

エ 気体検知管を気体採取器にさしこむ。

オ 決められた時間がたったら，気体検知管を気体採取器からとりはずす。

(2) 空気をとりこんだ酸素用検知管は，しばらくの間，さわらないようにします。その理由を答えましょう。

(　　　　　　　　　　)

2 ろうそくを燃やしたときの，燃える前後の空気のようすについて考えます。右の図は，ろうそくが燃える前の空気のようすを表したものです。次の問いに答えましょう。ただし，△，●，×は酸素，二酸化炭素，ちっ素のいずれかを示しています。

燃える前

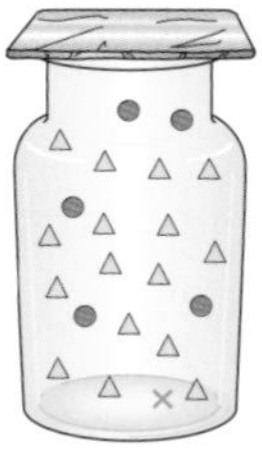

(1) 空気中にふくまれる気体の体積の割合から考えて，図の△，●，×は何という気体と考えられますか。

△(　　　　)　●(　　　　)　×(　　　　)

(2) ろうそくが燃えたあとの空気のようすとして正しいものはどれですか。次の㋐〜㋒から選び，記号で答えましょう。　(　　)

㋐

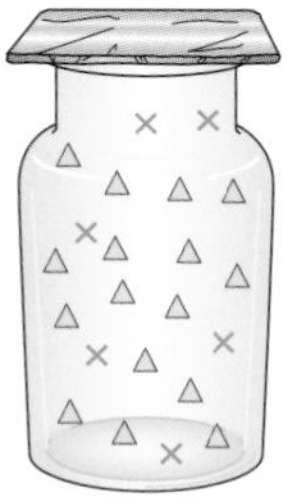

㋑

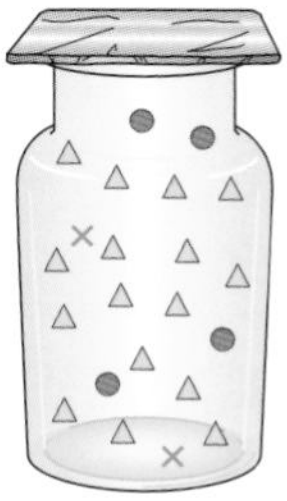

㋒

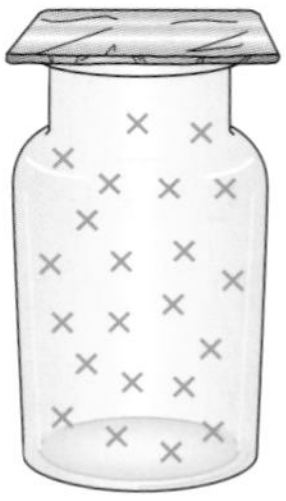

(3) ろうそくが燃えると，びんの中の気体の割合にはどのような変化が起こりますか。「酸素」「二酸化炭素」「ちっ素」という言葉をすべて用いて説明しましょう。

(　　　　　　　　　　)

❸ 2つの集気びんを用意し，図1のように，酸素と
ちっ素を集めました。また，1つの集気びんには空
気を入れました。次に，これらの集気びんに火を
つけたろうそくを入れ，燃え方を調べました。図2
は，このときのようすを示したものです。あとの問
いに答えましょう。

図1

ふた

図2

水

水

水

(1) 図1で，酸素やちっ素を集気びんに集めるとき，初めにびんを何で満たしてお
きますか。　　　　　　　　　　　　　　　　　　　（　　　　　　　　　　　　）

(2) 図2のろうそくの燃え方から，㋐～㋒の集気びんに入れた気体は，酸素，ちっ
素，空気のどれだとわかりますか。
　　　㋐（　　　　　　　　　）　㋑（　　　　　　　　　）　㋒（　　　　　　　　　）

(3) 酸素にはどのようなはたらきがありますか。
　　（　　　　　　　　　　　　　　　　　　　　　　　　　　　　　　　　　　　　）

(4) ロケットは空気のうすい大気中や空気のない宇宙空間で燃料を燃やして進みま
す。このような場所で燃料を燃やすには，どのようにすればよいでしょうか。上
の実験をもとに考えましょう。
　　（　　　　　　　　　　　　　　　　　　　　　　　　　　　　　　　　　　　　）

🏫 中学へのステップアップ

酸素
・発生方法…二酸化マンガンにうす
　い過酸化水素水（オキシドール）
　を加える。
・性質・集め方…酸素は水にとけに
　くいので，水上置換法で集める。

二酸化炭素
・発生方法…石灰石や貝がらにうす
　い塩酸を加える。
・集め方…二酸化炭素は水に少しだ
　けとけ，空気よりも重い。このた
　め，水上置換法または下方置換法
　で集める。

酸素

うすい過酸化水素水
（オキシドール）　集気
　　　　　　　　　びん
　　　　　酸素

水

二酸化マンガン　　ふた

水上置換法

[水にとけにくい気体を，
水と置きかえる集め方。]

二酸化炭素

うすい塩酸

石灰石

下方置換法

[空気より重い気体をびん
などに集める集め方。]

1章 ものが燃えるしくみ

★★★ チャレンジ テスト

1 下の図1のように，火のついたろうそくを机の上に置き，直径が同じで長さのちがうガラスのつつをかぶせ，ガラス板でふたをしました。それぞれのろうそくが消えるまでの時間を測定したところ，図2のグラフのようになりました。これについて，あとの問いに答えましょう。

1つ10〔30点〕

図1

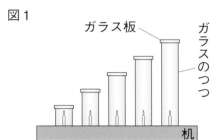

図2

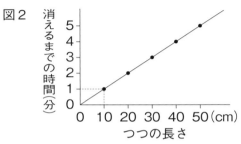

(1)　つつの長さが2倍になると，つつの中の空気の体積は何倍になっていますか。

（　　　　　　　　　）

(2)　図2より，つつの長さとろうそくが消えるまでの時間の間にはどのような関係がありますか。　（　　　　　　　　　）

図3

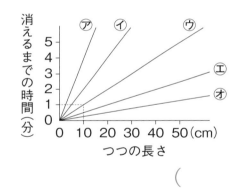

(3)　つつの直径が2倍のガラスのつつを用いて同じ実験をすると，どのようなグラフになると考えられますか。図3のⒶ～Ⓞから選びましょう。ただし，つつの体積と消えるまでの時間の間には，図１のときと同じ関係があるものとします。

（　　　　　　　　　）

2 右の図は，昔，魚を焼いたりするときに使用したしちりんという道具の断面を表したものです。次の問いに答えましょう。

1つ10〔20点〕

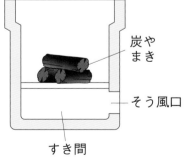

炭や
まき

そう風口

すき間

(1)　しちりんにはものを燃やすためのどのような工夫がされていますか。

（　　　　　　　　　　　　　　　　　　　　　）

(2)　図のそう風口にはスライド式のふたがついていて，そう風口の大きさを変えることができます。火を小さくするには，そう風口を大きくしますか。小さくしますか。

（　　　　　　　　　）

得点　　　　点

3 石灰水を入れた㋐〜㋓の４つのびんに，空気，酸素，二酸化炭素，ちっ素を別々に入れ，その中に火のついたろうそくを入れました。下の図は，ろうそくを入れた直後のようすです。また，㋓のびんからろうそくをとり出してよくふると，石灰水が白くにごりました。あとの問いに答えましょう。

1つ10〔30点〕

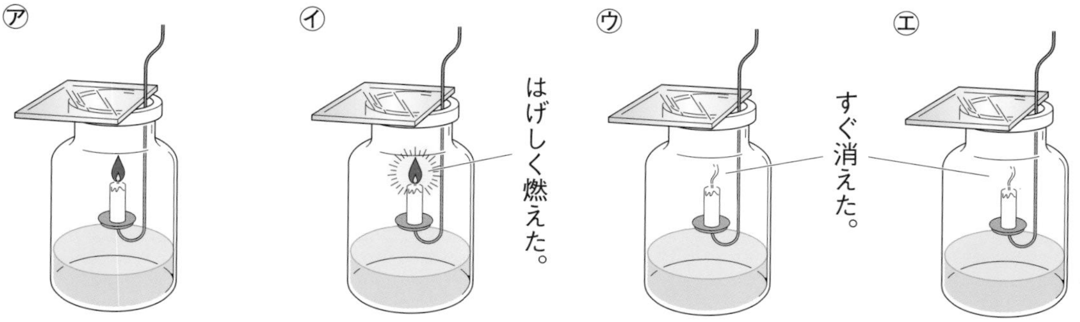

(1)　図の㋐〜㋓のうち，酸素，ちっ素の入っているびんはどれですか。

酸素（　　　　）　ちっ素（　　　　）

(2)　㋔のびんを用意して，酸素とちっ素を半分ずつ入れて，その中に火のついたろうそくを入れました。このとき，ろうそくの火はどうなると考えられますか。次のア〜エから選びましょう。（　　　　）

ア　すぐに火が消えた。　　　イ　㋐よりも弱く燃えた。

ウ　㋑のときよりも激しく燃えた。

エ　㋐のときと㋑のときの中間ぐらいのいきおいで燃えた。

4 ものの燃え方と空気の関係についての先生とAさんの会話を読んであとの問いに答えましょう。

1つ10〔20点〕

先　生　火事のときに火を消すために水をかけますが，なぜだと思いますか。

Aさん　火の温度を下げるためだと思います。

先　生　そうですね。でも，ほかにも理由があります。ものが燃えるには空気が必要なことは習いましたよね。

Aさん　あ，そうか。①［　　　　　　　　］からですね。

先　生　その通りです。それではもうひとつ質問です。②石油ストーブを燃やしている部屋では換気をこまめにするように言われていますが，この理由を考えてください。

(1)　上の文の①にあてはまる文を書きましょう。

（　　　　　　　　　　　　　　　　　　）

(2)　下線部②のように，石油ストーブを燃やしている部屋で換気をこまめにしなければいけない理由がいくつかあります。酸素と二酸化炭素について答えましょう。

（　　　　　　　　　　　　　　　　　　）

3 食べ物の消化と吸収

標準 レベル

●だ液のはたらき

実験　だ液のはたらきを調べる実験

●だ液はでんぷんに対してどのようにはたらくか調べよう！

①でんぷんをふくむ液を2つの試験管に分け，㋐にはだ液，㋑には水を加える。

②それぞれの試験管を約40℃の湯につける。

③それぞれの試験管にヨウ素液を加える。

④試験管の中の液の色の変化を調べる。

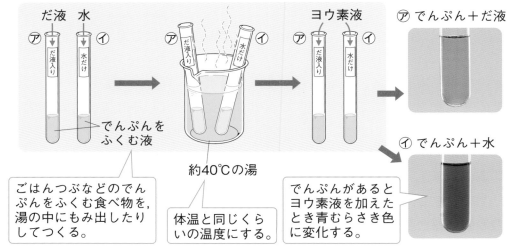

だ液　水

でんぷんをふくむ液

ごはんつぶなどのでんぷんをふくむ食べ物を，湯の中にもみ出したりしてつくる。

約40℃の湯

体温と同じくらいの温度にする。

ヨウ素液

でんぷんがあるとヨウ素液を加えたとき青むらさき色に変化する。

㋐ でんぷん＋だ液

㋑ でんぷん＋水

結果　●だ液を加えた㋐では，ヨウ素液の色が変化しなかった。

●だ液のかわりに水を加えた㋑では，ヨウ素液の色が変化した。

★考察　●だ液を加えた㋐ではでんぷんがなくなったことから，**だ液にはでんぷんを別のものに変えるはたらきがある**と考えられる。

●食べ物と消化

●**消化**　食べ物を細かくして体内に吸収されやすい養分に変えるはたらき。

●**消化管**　**口→食道→胃→小腸→大腸→こう門という食べ物の通り道**。だ液のように，食べ物を消化をする液を消化液という。

消化管

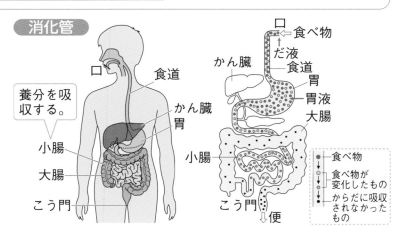

口　食道
かん臓
胃
小腸
大腸
こう門

養分を吸収する。

口　食べ物
だ液　食道
胃
胃液
大腸
小腸
こう門
便

●食べ物
●食べ物が変化したもの
●からだに吸収されなかったもの

1 右の図のように，でんぷんをふくむ液
をあといの試験管に入れ，あには水，い
にはだ液を加え，約40℃の湯で10分
間ぐらいあたためておきました。次の問
いに答えましょう。

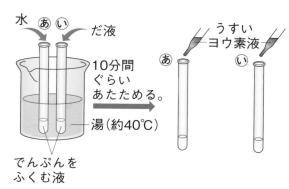

水 あ い　だ液

うすい
ヨウ素液

10分間
ぐらい
あたためる。

湯（約40℃）

でんぷんを
ふくむ液

(1) あたためたあとのあ，いの液にヨウ
素液を入れたとき，どのようになりま
すか。次のア，イから選びましょう。

あ（　　　　　）　い（　　　　　）

　　ア　青むらさき色に変化する。　　イ　変化しない。

(2) あたためた後のあ，いの液にでんぷんはありますか。

あ（　　　　　）　い（　　　　　）

(3) この実験から，だ液にはどのようなはたらきがあるとわかりますか。次のア，
イから選びましょう。　　　　　　　　　　　　　　　　　　　　　（　　　　　）

　　ア　だ液には，消化によってでんぷんをつくるはたらきがある。

　　イ　だ液には，でんぷんを別のものに変えるはたらきがある。

2 右の図は，食べ物の通り道などを表したものです。
次の問いに答えましょう。

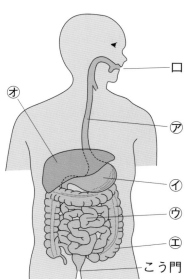

口

オ

ア

イ

ウ

エ

こう門

(1) 食べ物を細かくして体内に吸収されやすい養分に
変えるはたらきを何といいますか。

（　　　　　　　　　）

(2) 図のア〜オのつくりを何といいますか。

ア（　　　　　　　）　イ（　　　　　　　）

ウ（　　　　　　　）　エ（　　　　　　　）

オ（　　　　　　　）

(3) 食べ物は，口からこう門までをどのように通って
いきますか。図のア〜オから4つ選び，正しい順に
並べましょう。

口→（　　　　）→（　　　　）→（　　　　）→（　　　　）→こう門

(4) (3)の食べ物の通り道のことを何といいますか。　　　　（　　　　　　　　）

(5) 養分を吸収するつくりを，図のア〜オから選びましょう。　（　　　　　）

15

3 食べ物の消化と吸収

答え ▶ 5 ページ

✦✦✦ ハイ レベル　　　　マスター しよう

❶ だ液のはたらきを調べるため，次のような実験を行いました。あとの問いに答えましょう。

実験 ❶ ごはんつぶからもみ出した液を2本の試験管㋐，㋑に分け，㋐にはだ液を入れ，㋑には水を入れた。

❷ ㋐，㋑の試験管をおよそ ＿＿＿＿℃の水に10分ほどつけた。

❸ ㋐，㋑の試験管の液にそれぞれヨウ素液を加えて，色の変化を調べた。

(1) 実験の❶で，ごはんつぶからもみ出した液には，おもに何がふくまれていますか。次のア～ウから選びましょう。　　　　　　　　　　（　　　　　）

　ア でんぷん　　　イ たんぱく質　　　ウ しぼう

(2) 実験の❷の ＿＿＿＿ にあてはまる数として最も適当なものを，次のア～エから選びましょう。　　　　　　　　　　　　　　　　　　（　　　　　）

　ア 10　　　イ 40　　　ウ 75　　　エ 100

(3) 試験管を(2)のような温度の水につけるのはなぜですか。

　（　　　　　　　　　　　　　　　　　　　　　　　　　　　　　　）

(4) 実験の❸で，試験管㋐，㋑の液にヨウ素液を加えたとき，一方の液の色が変化しました。このときに色が変化したのは，㋐，㋑のどちらですか。また，そのときの色を答えましょう。

　　　　　　　　　　記号（　　　　　）　色（　　　　　　　）

(5) (4)の結果から，だ液にはどのようなはたらきがあることがわかりますか。

　（　　　　　　　　　　　　　　　　　　　　　　　　　　　　　　）

(6) この実験でだ液を入れずに水だけを入れた試験管㋑を用意したのはなぜですか。

　（　　　　　　　　　　　　　　　　　　　　　　　　　　　　　　）

❷ 右の図は，食べ物を細かくして体内に吸収されやすい養分に変え，養分が体内に吸収されるようすを表しています。次の問いに答えましょう。

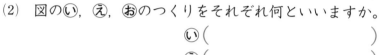

(1) 下線部の食べ物を細かくして体内に吸収されやすい養分に変えるはたらきを何といいますか。

（　　　　　　　　　）

(2) 図のⓘ，ⓔ，ⓞのつくりをそれぞれ何といいますか。

ⓘ（　　　　　　　　　）

ⓔ（　　　　　　　　　）

ⓞ（　　　　　　　　　）

(3) 図のⓐ，ⓘ，ⓤで出される消化液は何ですか。次のア〜ウからそれぞれ選びましょう。

ⓐ（　　　　　）　ⓘ（　　　　　）　ⓤ（　　　　　）

ア　胃液　　　イ　腸液　　　ウ　だ液

(4) 図の中の◎，△，◉，■は，何を表していますか。次のア〜ウからそれぞれ選びましょう。

◎（　　　　）　△（　　　　）　◉（　　　　）　■（　　　　）

ア　消化された養分　　　イ　吸収されなかったもの　　　ウ　食べ物

(5) ⓤのつくりの内側にはたくさんのひだがあり，そこには右の図のような柔毛とよばれる突起が無数についています。

ⓤの断面　　　柔毛

柔毛

毛細血管

リンパ管

ひだ

① ⓤの内側に柔毛が無数についていることで，ⓤの表面積はどうなりますか。

（　　　　　　　　　）

② ⓤの表面積が①のようになることで，どのような利点がありますか。

（　　　　　　　　　　　　　　　　　　　　　　　　　　　）

 中学へのステップアップ

かん臓のつくりとはたらき

・つくり…おとなで1〜1.5kgもあるとても大きな臓器。門みゃくという血管で小腸とつながっている。

・はたらき…①しぼうの消化を助けるたんじゅうという消化液をつくる。たんじゅうはたんのうというふくろにためられる。

②アンモニアなどの有害なものを無害なものに変える。

③小腸から送られてきた養分をたくわえる。必要に応じて，養分を血液にもどす。

④熱を発生させて，体温を保つ。

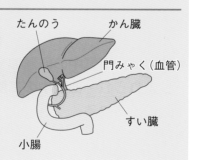

たんのう　　　かん臓

門みゃく（血管）

すい臓

小腸

4 吸う空気とはく空気

標準 レベル ……… トライ しよう

●吸う空気とはく空気の成分

🧪 実験 ▶ 吸う空気とはく空気の成分のちがいを調べる

●吸う空気とはく空気の成分のちがいを調べよう！

❶気体検知管で調べる。

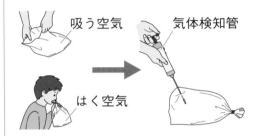

吸う空気　気体検知管

はく空気

!結果

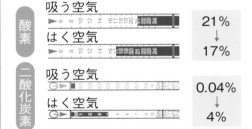

酸素	吸う空気	21% ↓ 17%
	はく空気	
二酸化炭素	吸う空気	0.04% ↓ 4%
	はく空気	

●はく空気は，吸う空気と比べて，酸素が少なく，二酸化炭素が多い。

❷石灰水の変化を調べる。

石灰水

!結果

●石灰水は，吸う空気では変化しなかったが，はく空気では白くにごった。
→はく空気には二酸化炭素が多くふくまれている。

★考察

●吸った空気中の酸素の一部が体内にとり入れられ，体から二酸化炭素が出されると考えられる。

●呼吸（こきゅう）

●鼻や口から吸った空気は，気管（きかん）を通ったあと，胸（むね）の左右に１つずつある肺（はい）に送られる。

●肺（はい）では，**空気中の酸素（さんそ）の一部が血液中にとり入れられ，血液中の二酸化炭素（にさんかたんそ）がはく空気に出される。**

●呼吸（こきゅう）　酸素を体内にとり入れて，二酸化炭素（にさんかたん そ）を出すこと。

呼吸

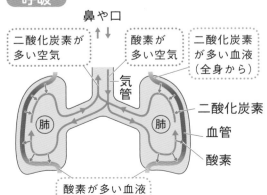

鼻や口

二酸化炭素が多い空気　酸素が多い空気　二酸化炭素が多い血液（全身から）

気管

肺　肺

二酸化炭素

血管

酸素

酸素が多い血液（全身へ）

キーポイント

▶鼻や口から吸った空気は，気管を通って肺に送られる。
▶酸素を体内にとり入れて，二酸化炭素を出すことを呼吸という。

1 図1のように，吸う空気とはき出した空気をふくろに集め，ふくろに石灰水を入れた後，ふくろをふりました。図2は，石灰水を入れる前のふくろの中の酸素の体積の割合を気体検知管で調べた結果です。あとの問いに答えましょう。

図1

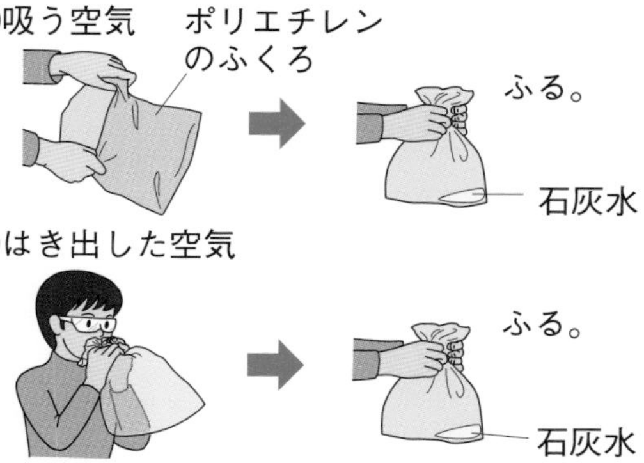

図2

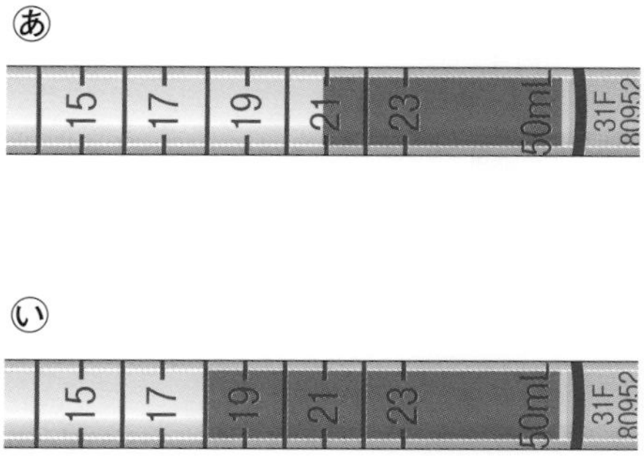

(1)　ふくろをふったときに石灰水が白くにごるのは，図1の㋐，㋑のどちらですか。　（　　）

(2)　図2の[あ]，[い]で調べた空気中の酸素の体積の割合はそれぞれおよそ何%ですか。目盛りを読みとりましょう。

[あ]（　　）　[い]（　　）

(3)　はき出した空気中の酸素の体積の割合を調べた気体検知管は，図2の[あ]，[い]のどちらですか。　（　　）

(4)　この実験から，人は空気中の何をとり入れ，空気中に何を出していることがわかりますか。

とり入れる（　　）　出す（　　）

2 右の図は，人が空気を出し入れするはたらきにかかわるつくりを表したものです。次の問いに答えましょう。ただし，図の㋐ははき出した空気，㋑は吸う空気を示しています。

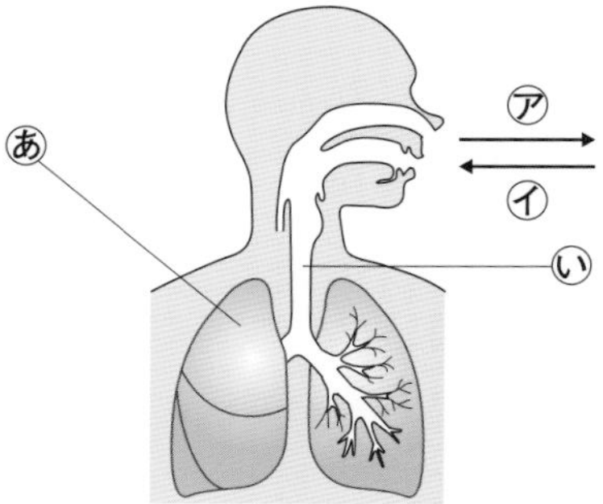

(1)　下線部のはたらきを何といいますか。

（　　）

(2)　図の[あ]，[い]のつくりを何といいますか。

[あ]（　　）　[い]（　　）

(3)　図の㋐，㋑の空気のうち，二酸化炭素が多くふくまれているのはどちらですか。　（　　）

4 吸う空気とはく空気

答え▶ 6 ページ

・・・・ハイ レベル ・・・・ マスターしよう

❶ 図1のように，吸う空気とはく空気を別々のポリエチレンのふくろに集め，それぞれにふくまれる酸素と二酸化炭素の割合を，気体検知管を使って調べました。図2の⑦，⑦は調べた気体検知管の目盛りを表したものです。あとの問いに答えましょう。

図1

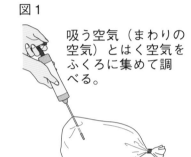

吸う空気（まわりの空気）とはく空気をふくろに集めて調べる。

図2

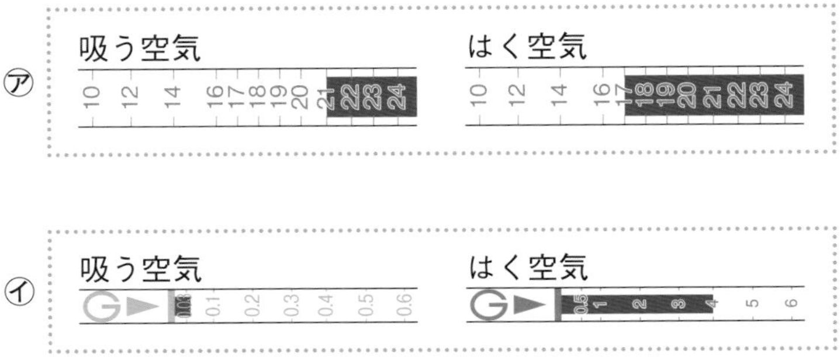

(1) はく空気を集めるため，ふくろに息をふきこんだとき，ふくろの内側が白くくもりました。このことから，はく空気に何が多くふくまれていることがわかりますか。次のア～エから選びましょう。　（　　　　）
ア　酸素　　　　イ　二酸化炭素
ウ　水蒸気　　　エ　ちっ素

思考力アップ

白いくもりは何からできているか，身のまわりのことから考えてみよう。

(2) 二酸化炭素を調べた気体検知管は，図2の⑦，⑦のどちらですか。　（　　　　）

(3) 図2の気体検知管から，吸う空気と比べて，はく空気にふくまれる酸素と二酸化炭素の割合についてどのようなことがいえますか。
（　　　　　　　　　　　　　　　　　　　　　　　　　　　　　）

(4) 吸う空気とはく空気をそれぞれ入れたふくろに，液体の薬品Aを少量入れてよくふったところ，一方のふくろの薬品Aが白くにごりました。薬品Aは何ですか。　（　　　　）

(5) 図3は，吸う空気とはく空気にふくまれている気体の割合を表したものです。⑦，⑦で示されている気体はそれぞれ何ですか。

⑦（　　　　）
⑦（　　　　）

図3

吸う空気		
⑦		⑦

はく空気		
⑦		⑦

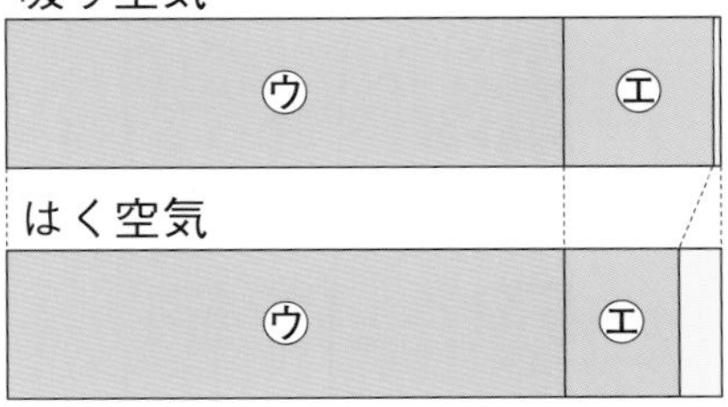

2 **人は，鼻や口から空気を吸ったりはいたりしています。右の図は，このしくみをかんたんに表したものです。次の問いに答えましょう。**

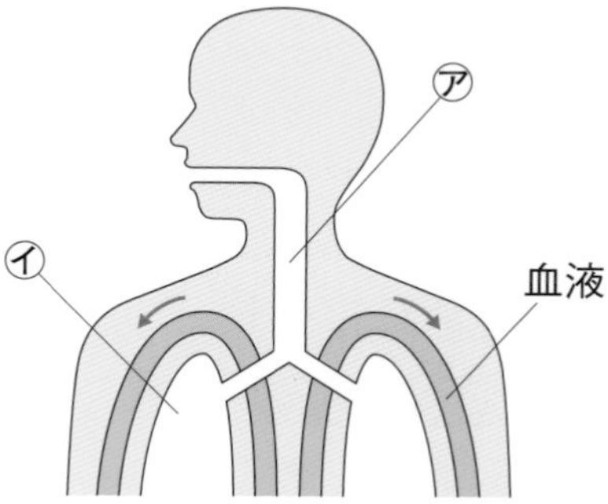
㋐
㋑
血液

(1)　鼻や口から吸いこまれた空気は，図の㋐を通った後，㋑に入ります。㋐，㋑を何といいますか。

㋐（　　　　　　　　　）
㋑（　　　　　　　　　）

(2)　㋑に入る前の血液と，㋑から出ていく血液にふくまれる酸素と二酸化炭素について正しく説明したものを，次の**ア**～**エ**からすべて選びましょう。

（　　　　　　　　　）

ア　㋑に入る前の血液より㋑から出ていく血液のほうが酸素を多くふくむ。
イ　㋑から出ていく血液より㋑に入る前の血液のほうが酸素を多くふくむ。
ウ　㋑に入る前の血液より㋑から出ていく血液のほうが二酸化炭素を多くふくむ。
エ　㋑から出ていく血液より㋑に入る前の血液のほうが二酸化炭素を多くふくむ。

3 **右の図はウサギと魚の呼吸に関係するつくりを表したものです。次の問いに答えましょう。**

〈ウサギ〉

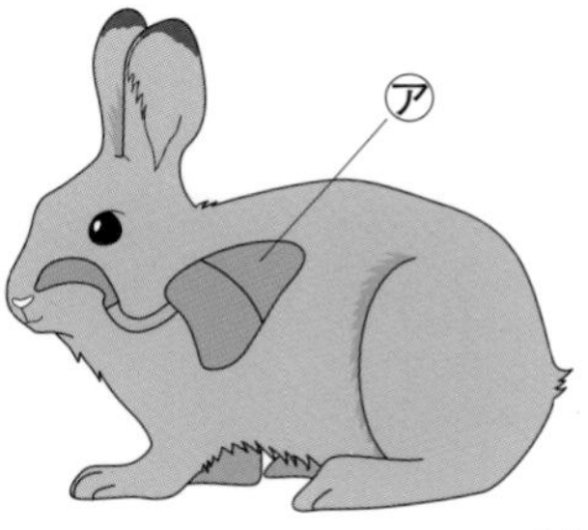
㋐

〈魚〉

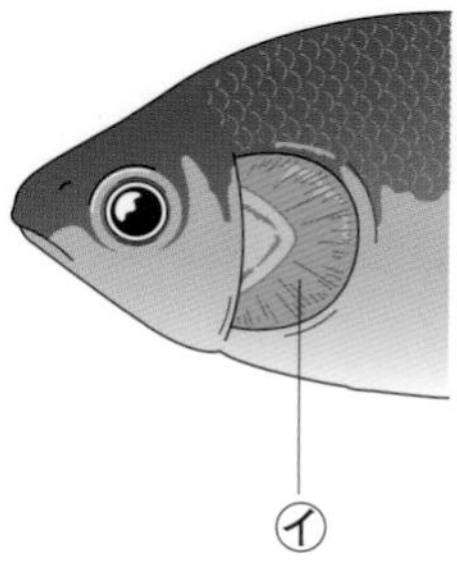
㋑

(1)　ウサギの㋐と魚の㋑をそれぞれ何といいますか。

㋐（　　　　　　　　　）
㋑（　　　　　　　　　）

(2)　ウサギと魚は，それぞれ身のまわりのどこにふくまれる酸素をとり入れていますか。文で答えましょう。

（　　　　　　　　　　　　　　　　　　）

中学へのステップアップ

人の肺のくわしいつくり

・口や鼻とつながっている気管は，枝分かれして気管支となり，その先には多数の肺胞とよばれる小さなふくろが集まっている。
・人の肺には，多数の肺胞があるため，空気と接する表面積が大きくなり，血液と空気との間で，酸素と二酸化炭素のやりとりを効率よくできるようになっている。

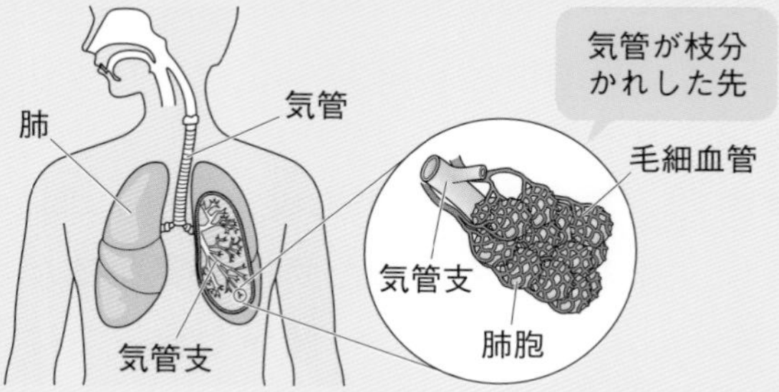
気管が枝分かれした先
肺
気管
毛細血管
気管支
肺胞
気管支

5 血液の流れ

標準 レベル　　　　　　　　　　　トライ しよう

●心臓のつくりとはたらき

- 心臓のはたらき　心臓は，体中にはりめぐらされた血管に血液を送り出すポンプのようなはたらきをしている。
- はく動　心臓が縮んだりゆるんだりする動き。
- 脈はく　心臓のはく動が血管を伝わり，手首や足首などで感じることができる血管の動き。**脈はく数とはく動数は等しい。**運動すると，脈はく数やはく動数は増える。

心臓のつくり

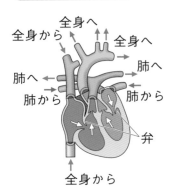

全身へ
全身から　全身へ
肺へ
肺へ　肺から
肺から
弁
全身から

●血液のはたらき

- 血液の循環　血液が血管の中を流れて，全身をめぐること。
- 血液が運ぶもの
  ①養分　小腸から吸収された養分は血液によって，全身に運ばれる。
  ②酸素　肺でとり入れられた酸素は，血液によって肺から心臓へと運ばれてから全身に運ばれる。
  ③二酸化炭素　血液によって全身から心臓を通って肺に運ばれ，血液から出される。
  ④不要なもの　体の各部分で不要になったものは，血液によってじん臓に運ばれる。
- じん臓のはたらき　血液中の不要なものは，じん臓で水とともにこしとられ，にょうがつくられる。にょうは一時的にぼうこうにためられてから体の外に出される。
- 臓器　胃，小腸，かん臓，肺，心臓，じん臓のように，体の中で生きるために必要なはたらきをしている部分。臓器はたがいに関係し合ってはたらいている。

血液を通した臓器のつながり

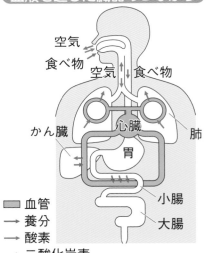

空気
食べ物
空気　食べ物
かん臓　心臓　肺
胃
小腸
大腸

▭ 血管
→ 養分
→ 酸素
→ 二酸化炭素

じん臓とぼうこう

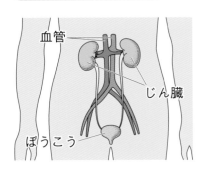

血管
じん臓
ぼうこう

キーポイント

▶心臓は体中にはりめぐらされた血管に血液を送り出すはたらきをしている。
▶血液中の不要なものは，じん臓でこしとられ，にょうがつくられる。

1 人の血液の流れについて，次の問いに答えましょう。

(1) 図１の㋐，㋑は何というつくりですか。
㋐（　　　　　　　）
㋑（　　　　　　　）

図1

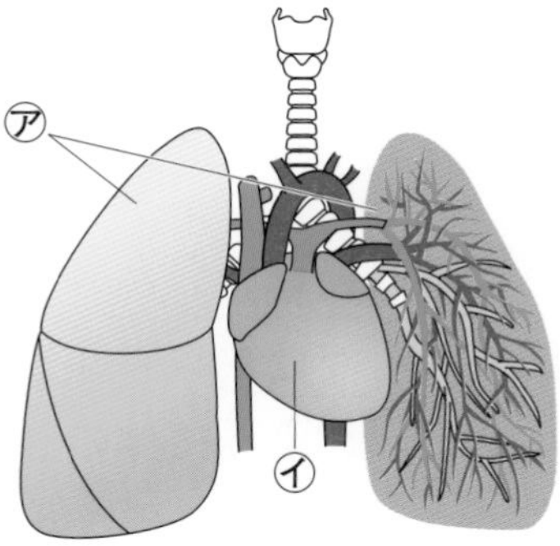

(2) 図１の㋐では，血液に何がとり入れられますか。（　　　　　　　）

(3) 図１の㋑はどのようなはたらきをしていますか。
（　　　　　　　　　　　　　　　）

(4) 図１の㋑は，縮んだりゆるんだりすることをくり返しています。この動きを何といいますか。（　　　　　　　）

図2

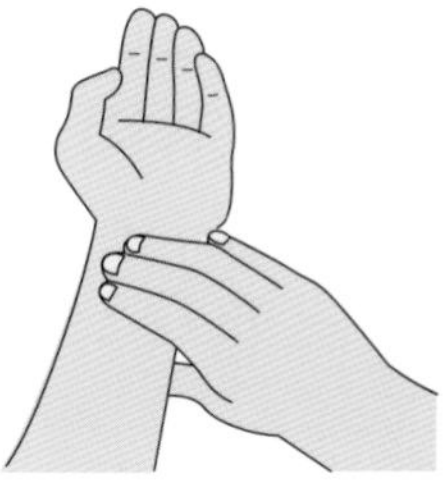

(5) 図２のように，手首の内側を指でおさえ，15秒間の脈はく数を数えました。

① 15秒間の脈はく数と(4)の数の関係を正しく表したものを，次のア～ウから選びましょう。（　　　）

ア 脈はく数＞(4)の数　　**イ** 脈はく数＝(4)の数
ウ 脈はく数＜(4)の数

② 運動をした直後の15秒間の脈はく数は，運動前の15秒間の脈はく数と比べるとどのようになりますか。（　　　　　　　）

2 右の図は，血液中から不要なものをこしとるはたらきにかかわるつくりを表しています。次の問いに答えましょう。

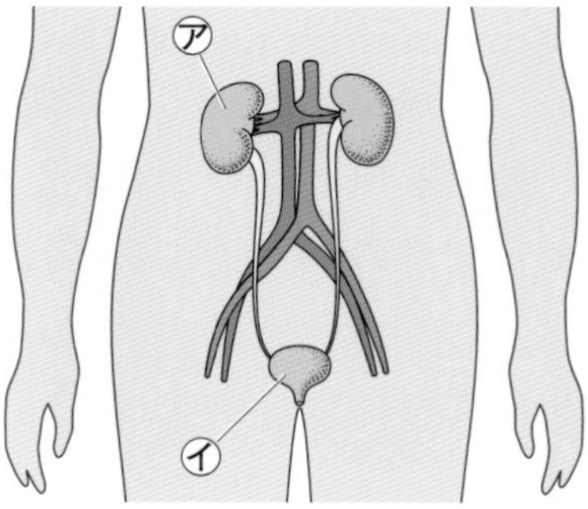

(1) 血液中の不要なものをこしとる㋐の部分を何といいますか。（　　　　　　　）

(2) こしとられたものをためる㋑の部分を何といいますか。（　　　　　　　）

(3) ㋐でこしとられたものは，何として体の外に出されますか。
（　　　　　　　）

(4) ㋐，㋑のように，体の中で生きるために必要なはたらきをしている部分を何といいますか。（　　　　　　　）

学習した日　　月　　日

5 血液の流れ

答え▶7ページ

ハイレベル　マスターしよう

1 先生と理香さんは，人の体の血液の循環のようすを表した図を見ながら，話し合いました。あとの問いに答えましょう。

理香　心臓は，どのようなはたらきをしているんですか。

先生　心臓は，血液を送り出すポンプのようなはたらきをしています。血液は，図のように体のさまざまな臓器をつないでいるんですよ。

理香　そうなんですか。それぞれの臓器はどんなはたらきをしているのかな。

先生　例えば，肺は血液中から(㋐)を出して，血液中へ(㋑)をとり入れるはたらきをしています。だから，図の(①)の血液中には，最も(㋑)の量が多いんですよ。

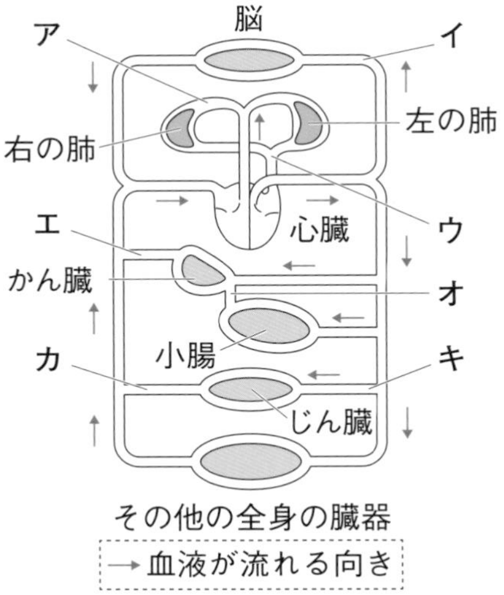
脳
ア
イ
右の肺
左の肺
ウ
心臓
エ
かん臓
オ
小腸
カ
キ
じん臓
その他の全身の臓器
→血液が流れる向き

理香　なるほど。同じように臓器のはたらきから考えると，血液中の不要物の量は，図の(②)で最も少なくなりますね。

先生　その通りです。では，食後に最も養分の量が多くなる血液はどれだと思いますか。

理香　消化管の中から養分をとり入れる臓器は(㋒)だから，食後，図の(③)の血液中に最も養分の量が多いと思います。

先生　正解です。

(1)　下線部について，心臓がポンプのように，規則正しく縮んだりゆるんだりする動きを何といいますか。
(　　　　　　)

(2)　文中の㋐，㋑にあてはまる言葉をそれぞれ書きましょう。
㋐(　　　　　　)　㋑(　　　　　　)

(3)　文中の㋒にあてはまる臓器を，図から選んで書きましょう。
(　　　　　　)

(4)　文中の①～③にあてはまる血管を，図のア～キからそれぞれ選びましょう。
①(　　　　)　②(　　　　)
③(　　　　)

思考力アップ
臓器を通る前と通った後の血液にふくまれるものの量の変化は，臓器のはたらきによって生じると考えることができる。

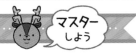

❷ ハルさんは，運動の前後で自分の体のようすがどのように変化するか調べるために，次のようなことをしました。あとの問いに答えましょう。

方法
1. 運動をする前に1分間の脈はく数と呼吸数を数える。
2. 1kmの持久走をした後に1分間の脈はく数と呼吸数を数える。

	脈はく数	呼吸数
運動前	70	20
運動後	120	60

(1) 運動前後の脈はく数の変化から，1分間に心臓から送り出される血液の量はどのように変化したといえますか。

( )

(2) 運動前後の呼吸数の変化から，1分間に肺でとり入れられる酸素の量はどのように変化したといえますか。

( )

(3) 運動の前後で，脈はく数と呼吸数が表のように変化したのはなぜだと考えられますか。「酸素」に注目して答えましょう。

( )

❸ 右の図は，メダカのおびれをけんび鏡で観察したときのようすです。次の問いに答えましょう。

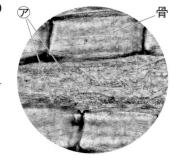
⑦

骨

(1) メダカを観察するためにチャックつきのビニルぶくろに入れました。このとき，メダカといっしょに何を入れますか。 ( )

(2) (1)のようにするのはなぜですか。
( )

(3) メダカのおびれを観察していると，⑦の管の中を一定の方向に液体が流れていました。この液体は何ですか。 ( )

🏠 **中学へのステップアップ**

[血液の成分]
血液は，液体の成分である血しょうと，固体の成分である赤血球・白血球・血小板からなる。
・血しょう　二酸化炭素や養分，不要なものを運ぶ。
・赤血球　ヘモグロビンという赤い色素をふくみ，酸素を運ぶ。
・白血球　ウイルスや細きんなどを分解する。
・血小板　出血したときに血液を固める。

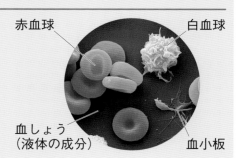
赤血球　白血球
血しょう（液体の成分）　血小板

2章 人の体のつくりとはたらき　　時間 30分　答え▶ 8 ページ

★ ★ ★ **チャレンジ** テスト

1 だ液のはたらきを調べるために，次のような実験を行いました。あとの問いに答えましょう。

1つ10〔40点〕

実験　試験管1～6を準備し，試験管1～3にはでんぷんのりと水を入れ，試験管4～6にはでんぷんのりとだ液を入れました。次に，それぞれの試験管を下の図のように0℃，40℃，80℃の温度の水が入ったビーカーにつけ，一定時間おきました。その後，それぞれの試験管の中の液にヨウ素液を加えたときの変化を調べて表にまとめました。表の結果の＋はヨウ素液を加えたときに青むらさき色に変わったことを表し，－はヨウ素液を加えたときに色の変化がなかったことを表しています。

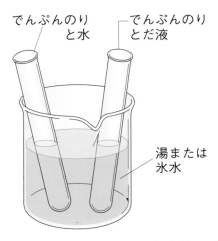

でんぷんのりと水　でんぷんのりとだ液　湯または氷水

条件 実験	試験管の中に入れておいたもの	温度（℃）	結果
1	でんぷんのりと水	0	＋
2	でんぷんのりと水	40	＋
3	でんぷんのりと水	80	＋
4	でんぷんのりとだ液	0	＋
5	でんぷんのりとだ液	40	－
6	でんぷんのりとだ液	80	＋

(1)　実験結果から，試験管の中のでんぷんがなくなっていたのは試験管1～6のどれだといえますか。　　　　　　　　　　　　（　　　　　　　）

(2)　試験管2と試験管5の結果をくらべると，だ液にはどのようなはたらきがあると考えられますか。

（　　　　　　　　　　　　　　　　　　　　　　　　　　）

(3)　(2)をふまえると，試験管4と試験管5，試験管6の結果からはさらにどのようなことがいえますか。

（　　　　　　　　　　　　　　　　　　　　　　　　　　）

(4)　米を口の中でしっかりとかんでいると，しだいにあまく感じられました。これはなぜだと考えられますか。

（　　　　　　　　　　　　　　　　　　　　　　　　　　）

得点　　　　点

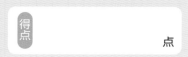

2 **図1は，人の体を血液がめぐるようすを表したものです。次の問いに答えましょう。** 1つ10〔40点〕

図1

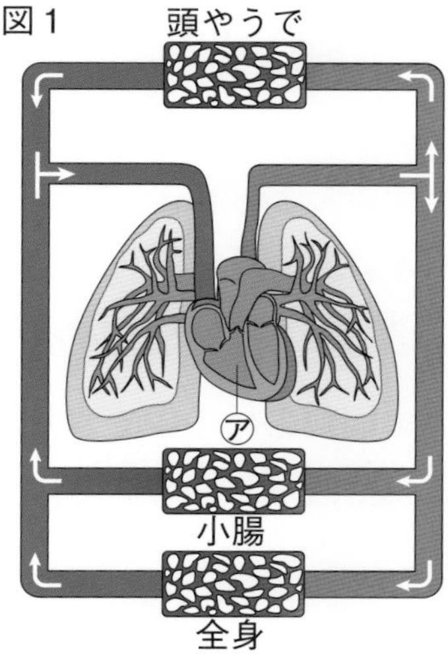

(1)　図1の㋐のつくりを何といいますか。

(　　　　　　　　)

(2)　図1で酸素が多くふくまれている血液を，次のア～エから2つ選びましょう。

(　　　　)(　　　　)

ア　㋐から全身に運ばれる血液
イ　㋐から肺に運ばれる血液
ウ　全身から㋐にもどる血液
エ　肺から㋐にもどる血液

(3)　次の［　　］の文は，魚とヒトの血液の循環について表したものです。図2は，この文をもとにして，それぞれの血液の循環を図で表そうとしたものですが，ヒトについては完成していません。魚の血液の循環の図を参考にして，ヒトの血液の循環についての図を完成させましょう。ただし──→は酸素を多くふくむ血液を表し，┈┈→は酸素の少ない血液を表すものとします。

・【魚の血液の循環】魚の心臓から送り出された血液はえらを通って酸素をとりこんだあと全身をめぐり，その後，心臓へともどってくる。
・【ヒトの血液の循環】ヒトの心臓から送り出された血液は肺を通って酸素をとりこんだあと心臓にもどり，そこから全身へと送り出され，その後再び心臓へともどってくる。

図2

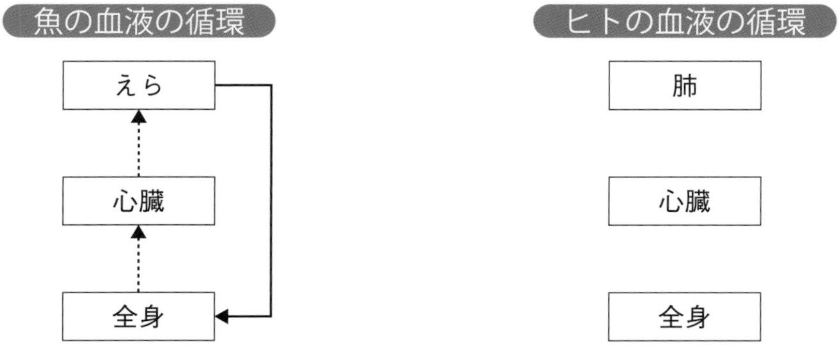

3 **ある人が1回の呼吸で吸う空気とはく息は，どちらも500cm³でした。吸った空気中の酸素の体積の割合が20%で，はいた息の中の酸素の体積の割合が17%だったとすると，この人は1回の呼吸で何cm³の酸素を血液中にとり入れたことになるでしょうか。** 〔20点〕(　　　　　　　　)

6 植物の体の中の水の通り道

標準 レベル … トライ しよう

●植物の体の中の水の通り道

実験 植物の体の中の水の通り道を調べる

●植物の体の中で水が通る部分を調べよう！

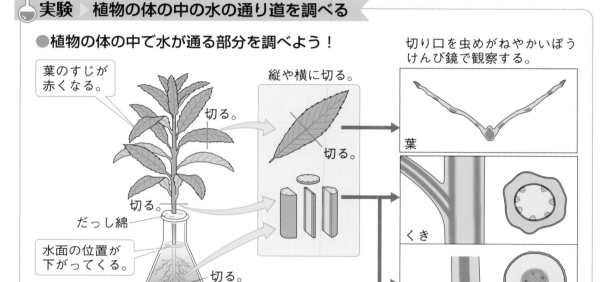

切り口を虫めがねやかいぼうけんび鏡で観察する。

葉のすじが赤くなる。

縦や横に切る。

切る。

切る。

だっし綿

水面の位置が下がってくる。

切る。

根のついたホウセンカを色水にさす。

食紅を入れた赤い色水

葉

くき

根　縦　横

!結果
●フラスコの水面の位置が下がり，葉のすじが赤く染まっていた。
●根・くき・葉の切り口に赤く染まった部分がみられた。

★考察
●根・くき・葉には，根からとり入れた水が通る決まった通り道があり，そこを通って水が植物の体全体にいきわたっている。

●蒸散（じょうさん）

●植物が根からとり入れ，くきを通ってきた水は，おもに葉から水蒸気（すいじょうき）として出ていく。

●気孔（きこう）　植物の体の水蒸気（すいじょうき）が出ていく小さな穴（あな）。気孔（きこう）は，葉の表面に多くある。

●蒸散（じょうさん）　植物の体から，水が水蒸気（すいじょう気）として出ていくこと。

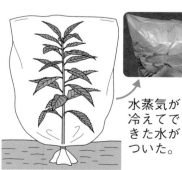

晴れた日，ふくろをかぶせておく。

水蒸気が冷えてできた水がついた。

葉の表面の気孔

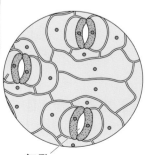

気孔

（約200倍）

キーポイント

▶根からとり入れた水は，くきを通って，葉の表面の気孔から水蒸気として出ていく。
▶植物の体から，水が水蒸気として出ていくことを蒸散という。

1 右の図のように，根のついたホウセンカを赤い色水にしばらく入れて，根，くき，葉が変化するようすを観察しました。次の問いに答えましょう。

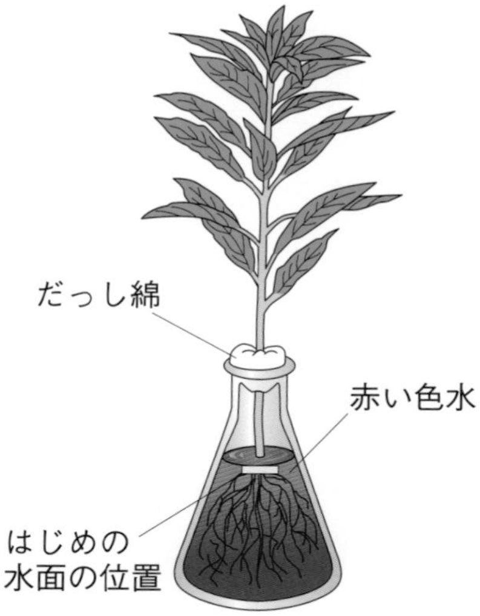

だっし綿
赤い色水
はじめの
水面の位置

(1) しばらくすると，葉のすじはどのようになりますか。
（　　　　　　　　　　　　　　）

(2) 赤く染まったくきを横と縦に切り，中のようすを観察しました。切り口のようすとして正しいものを，次の㋐～㋓から2つ選びましょう。
（　　　　）（　　　　）

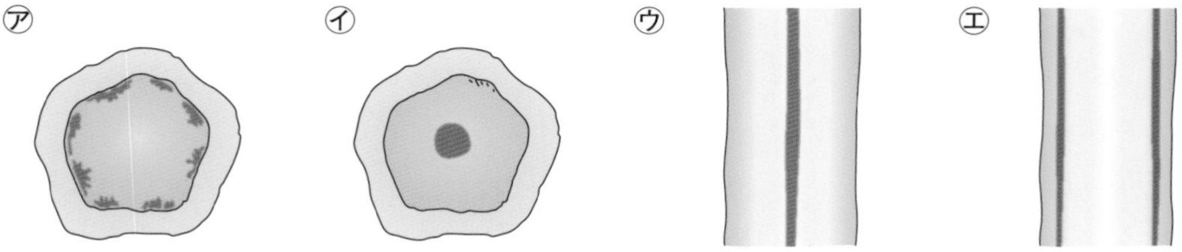

㋐
㋑
㋒
㋓

(3) (2)で赤く染まった部分は，どのようなところといえますか。
（　　　　　　　　　　　　）

(4) 水は，植物の体の中をどのような順で通っていきますか。次の**ア**～**ウ**から選びましょう。
（　　　　）

ア　根→葉→くき　　**イ**　根→くき→葉
ウ　葉→くき→根

2 右の図は，葉の表面をけんび鏡で観察したものです。次の問いに答えましょう。

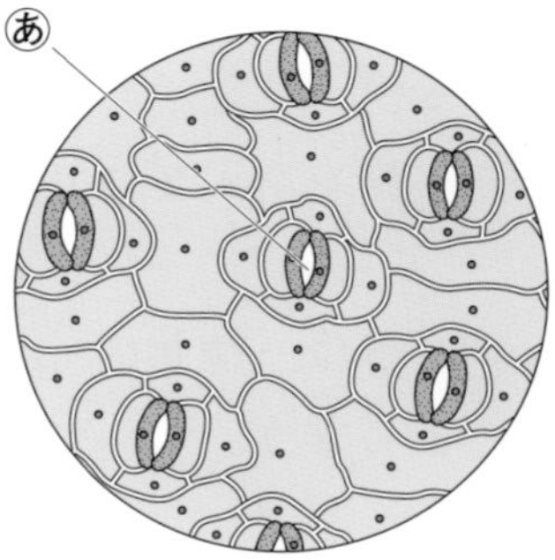

[あ]

(1) 図で，2つの三日月形のものに囲まれた[あ]の穴を何といいますか。（　　　　　　　　）

(2) 図の[あ]では，植物の体の中の水が出ていきます。このとき，水はどのようなすがたとなって出ていきますか。（　　　　　　　　）

(3) 植物の体の中の水が(2)のようなすがたとなって出ていくことを何といいますか。（　　　　　　　　）

6 植物の体の中の水の通り道

答え ▶ 9 ページ

ハイレベル　マスターしよう

1 右の図のように，根のついたホウセンカを色水に入れました。しばらくすると，くきや葉が赤くなってきたので，それぞれを切って切り口のようすを観察しました。次の問いに答えましょう。

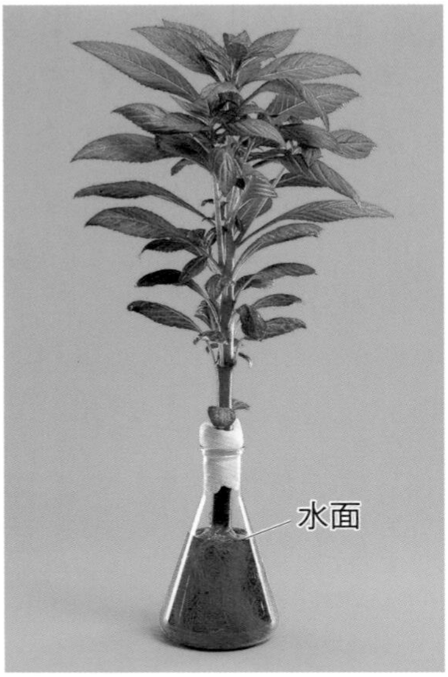

(1) 図のホウセンカはどのようにして用意しましたか。次の**ア**～**ウ**から選びましょう。（　　　）

ア　ホウセンカの根を土ごとほり上げて，そのまま色水に入れる。

イ　ホウセンカの根をほり上げて，根についた土を洗い落とす。

ウ　ホウセンカをほり上げて，土のついた細い根を，すべて切り落とす。

(2) 水にホウセンカを入れてからしばらくすると，水面の位置はどのようになっていますか。次の**ア**～**ウ**から選びましょう。（　　　）

ア　上がっている。　**イ**　下がっている。　**ウ**　変わっていない。

(3) くきを縦(たて)と横に切った切り口のようすを，次の㋐～㋕からそれぞれ選びましょう。
縦(たて)（　　　）　横（　　　）

㋐
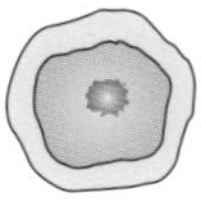
㋑
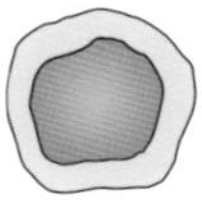
㋒
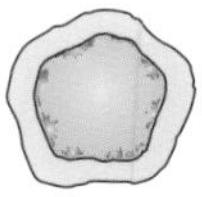
㋓
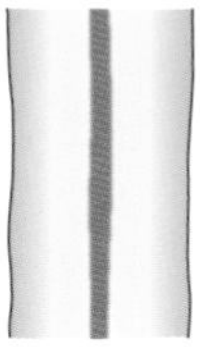
㋔
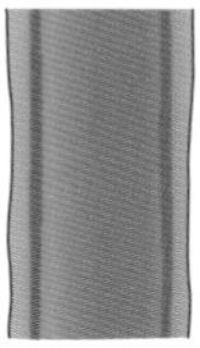
㋕
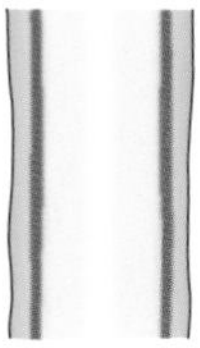

(4) 葉を切った切り口のようすを，次の㋖～㋘から選びましょう。（　　　）

㋖
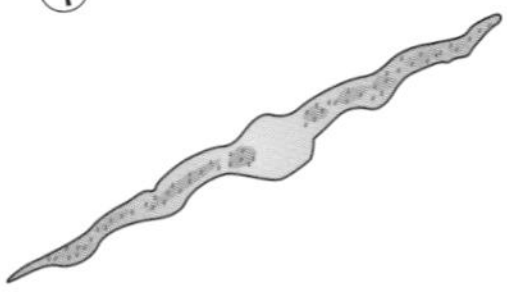
㋗
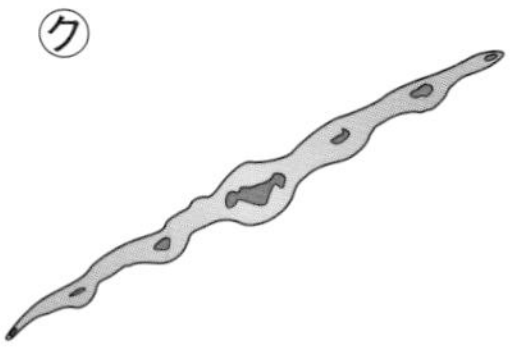
㋘
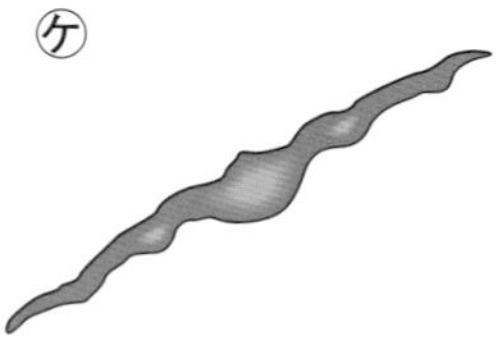

(5) 根を切って切り口を調べたとき，赤く染まっているところはありますか。
（　　　　　）

(6) 水は，植物のくき，葉，根をどのような順で通っていきますか。通る順に並べましょう。
（　　　→　　　→　　　）

❷ 植物の蒸散<ruby>蒸散<rt>じょうさん</rt></ruby>について調べるために，晴れた日の屋外でホウセンカを使って，次の図１，２のような実験をしました。�い〜えのホウセンカはどれも同じ太さ・長さのくきに同じ大きさの葉が同じ枚数だけついたものを使いましたが，あだけは，同じ太さ・長さのくきに葉を１枚だけ残してとってあります。また，図１のあとい，図２のうとえは，図のようにてんびんにのせたところ，はじめはつり合っていました。あとの問いに答えましょう。

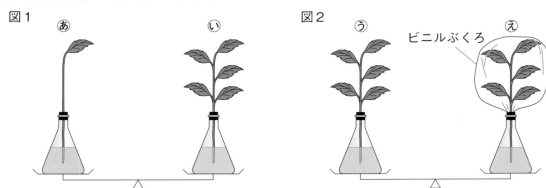

図１　あ　　　　　　い　　　　　図２　う　　　　　　ビニルぶくろ　　　え

(1) 時間がたつと，図１のあといでは，どちらが下がりますか。

（　　　　　）

(2) 図１のつり合いの変化から，どのようなことがいえますか。

（　　　　　　　　　　　　　　　　　　　）

(3) 時間がたつと，図２のえのビニルぶくろにはどのような変化が見られますか。

（　　　　　　　）

(4) 時間がたつと図２のうとえでは，どちらが下がりますか。

（　　　　　）

(5) (4)のような結果になったのはなぜですか。理由を答えましょう。

（　　　　　　　　　　　　　　　　　　　　　　　　　）

🏠 中学へのステップアップ

植物の体は，維管束<ruby>維管束<rt>いかんそく</rt></ruby>という管のたばが体中にはりめぐらされているため，水や養分をすみずみまで運ぶことができる。
・道管<ruby>道管<rt>どうかん</rt></ruby>　根から吸収した水や水にとけた肥料分が通る管。
・師管<ruby>師管<rt>しかん</rt></ruby>　葉でつくられた養分が通る管。
・維管束　道管と師管が集まってたばのようになっている部分。維管束は，葉の表面にすじ（葉脈<ruby>葉脈<rt>ようみゃく</rt></ruby>）としてみられる。

■ くきのつくり

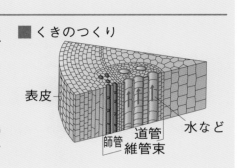

表皮　師管　維管束　道管　水など

3章 植物の養分と水の通り道 ······················· 答え▶10ページ

7 植物がでんぷんをつくるしくみ

標準 レベル ＋ ＋ ＋ トライ しよう

●植物の葉と養分

🧪実験　でんぷんができる条件を調べる

●でんぷんができる条件を調べよう！

❶植物の葉㋐〜㋒に前日の午後からアルミニウムはくでおおいをして，日光を当てないようにしておく。

❷朝，葉㋐・㋑からアルミニウムはくをはずす。葉㋐はつみとってヨウ素液につけ，葉㋑・㋒は，つみとらずにそのまま日光に当てる。

❸4〜5時間後，葉㋑・㋒をつみとってヨウ素液につける。

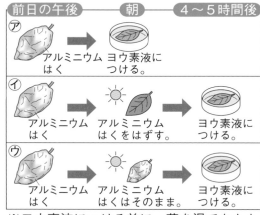

前日の午後　　　　朝　　　4〜5時間後

㋐ アルミニウムはく → ヨウ素液につける。

㋑ アルミニウムはく → アルミニウムはくをはずす。 → ヨウ素液につける。

㋒ アルミニウムはく → アルミニウムはくはそのまま。 → ヨウ素液につける。

※ヨウ素液につける前に，葉を湯であたためたエタノールにつけて脱色することもある。

⚠️**結果**　●㋐の葉では色は変化しない。⇒葉にでんぷんがない。

●㋑の葉では青むらさき色に変化した。⇒葉にでんぷんがある。

●㋒の葉では色は変化しない。⇒葉にでんぷんがない。

★**考察**　●㋐の結果⇒日光を当てる前には，葉にでんぷんはない。

●㋑と㋒の結果⇒<u>日光が当たると，葉にでんぷんができる。</u>

●植物と空気

🧪実験　日光が当たった植物の気体の出入りを調べる

㋐息をふきこむ。　㋑日光に当てる。　気体検知管で調べる。

ポリエチレンのふくろ

⚠️**結果**

	二酸化炭素の体積の割合	酸素の体積の割合
㋐	4%	17%
㋑	0.5%	20%

日光に当てると（㋑），二酸化炭素が減り，酸素が増えた。

★**考察**　●<u>日光が当たると，植物は二酸化炭素（に さん か たん そ）をとり入れて，酸素（さん そ）を出している。</u>

1 植物の葉と日光の関係について調べるため，次のような実験をしました。あとの
問いに答えましょう。

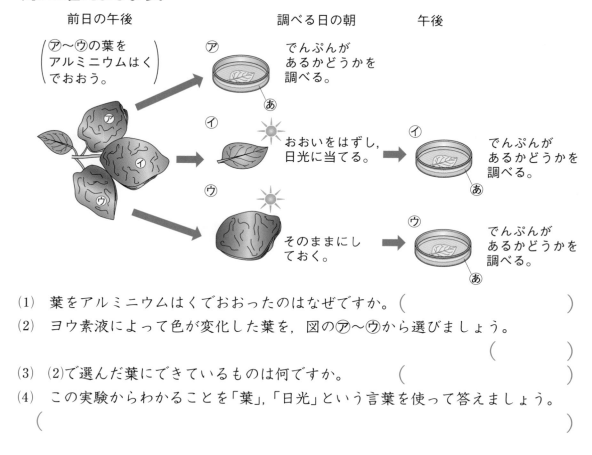

(1) 葉をアルミニウムはくでおおったのはなぜですか。（　　　　　　　　　）

(2) ヨウ素液によって色が変化した葉を，図の㋐～㋒から選びましょう。

（　　　　　　　　　）

(3) (2)で選んだ葉にできているものは何ですか。　　（　　　　　　　　　）

(4) この実験からわかることを「葉」,「日光」という言葉を使って答えましょう。

（　　　　　　　　　　　　　　　　　　　　　　　）

2 晴れた日，右の図の㋐のように植物にふくろ
をかぶせて息をふきこみました。次に，㋑のよ
うにふくろの中の気体の体積の割合を調べた
後，日光に当て，1時間後に再びふくろの中の
気体の体積の割合を調べました。次の問いに答
えましょう。

(1) 植物を日光に当てた後，㋑のふくろの中の二酸化炭素と酸素の体積の割合は，
㋐のときと比べてどうなりましたか。

二酸化炭素（　　　　　　　　　）　　酸素（　　　　　　　　　）

(2) 植物に光が当たったとき，二酸化炭素と酸素はどのように出入りしますか。

（　　　　　　　　　　　　　　　　　　　　　　　）

学習した日　　月　　日

7 植物がでんぷんをつくるしくみ

答え▶10ページ

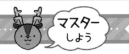

ハイレベル

マスターしよう

1 植物の葉に日光を当てたときのはたらきについて調べるため，次のような実験を行いました。あとの問いに答えましょう。

実験１　日光が当たらないように，前の日の夕方，３枚のジャガイモの葉㋐～㋒をアルミニウムはくでおおっておく。

実験２　次の日の朝，㋐と㋑の葉のアルミニウムはくをはずす。㋐の葉はつみとり，湯につけた後，ヨウ素液にひたし，でんぷんがあるかどうかを調べる。㋑と㋒の葉はそのまま日光に当てる。

実験３　数時間後，㋑の葉と㋒の葉をつみとり，実験２と同じ方法ででんぷんがあるかどうかを調べる。

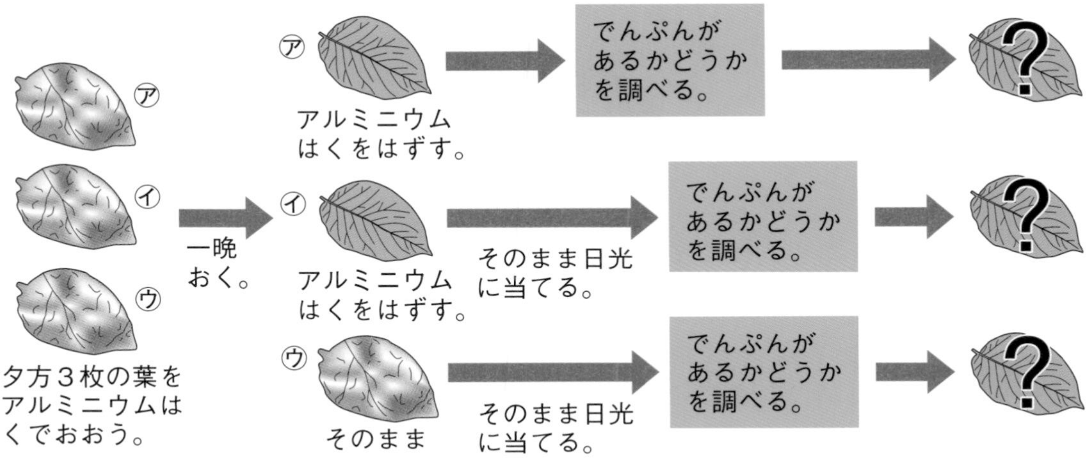

(1)　実験２で，㋐の葉にでんぷんがあるかどうかを調べたのはなぜですか。次のア，イから選びましょう。　（　　　）

ア　日光に当てる前の葉にでんぷんがないことを確かめるため。

イ　葉をあたためるとでんぷんができることを確かめるため。

(2)　実験２，３で，㋐～㋒の葉をそれぞれヨウ素液にひたしたとき，どのようになりましたか。

㋐（　　　　　　　　）

㋑（　　　　　　　　）　㋒（　　　　　　　　）

(3)　この実験から植物の葉と日光の関係についてどのようなことがわかりましたか。

（　　　　　　　　　　　　）

中学へのステップアップ

植物が光を受けてでんぷんなどの栄養分をつくるはたらきを光合成という。光合成は，二酸化炭素と水を材料にして，でんぷんなどと酸素をつくり出す。

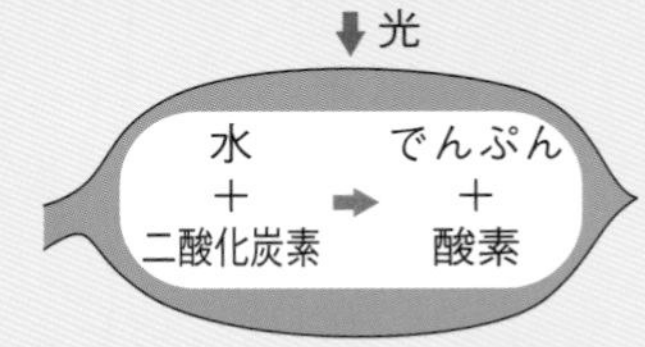

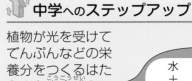

❷ 光に当てた植物がとり入れている気体と出している気体
について調べるために，次のような実験をしました。図1，
2は，その測定結果です。あとの問いに答えましょう。

息を
ふきこむ。

実験1 植物をポリエチレンのふくろに入れ，息をふきこ
んだ。そして，ふくろの中の酸素と二酸化炭素の割合を
気体検知管で調べた。

実験2 日光の当たるところに，実験1の植物を
1時間置いたあと，再び気体検知管で酸素と二
酸化炭素の割合を調べた。

(1) 実験1で，ストローでふきこんだ息には，ま
わりの空気に比べて何という気体が多くふくま
れていますか。水蒸気以外で1つ答えましょ
う。　　　　　　　　（　　　　　　　　）

(2) 実験2の測定結果の気体検知管は，図1，図
2のどちらですか。　　　　（　　　　　　　）

(3) 実験1，2から，日光が当たった植物の気体の出入りについてどのようなこと
がわかりましたか。

（　　　　　　　　　　　　　　　　　　　　　　　　　　　　　　　　　　）

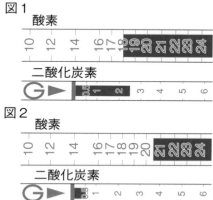

図1
酸素
二酸化炭素

図2
酸素
二酸化炭素

🧻 **ホッとひといき**

　次の❶〜❽の答えを，ひらがなでマス目の中に横書きで1文字ずつ書きましょう。
マス目をうめたら，赤いワクの中の文字から5文字を選んで並べかえてできる，薬品
の名前を答えましょう。

❶だ液などのような，食べ物を吸収
　されやすい養分に変える液。

❷植物の体から水蒸気が出ていくこ
　と。

❸養分を吸収する臓器。

❹ものを燃やし続けるには，空気が
　出入りする〇〇〇をつくろう。

❺養分を一時的にためる臓器。

❻石灰水を白くにごらせる気体。

❼空気中に最も多くふくまれている気体。

❽にょうを一時的にためる臓器。

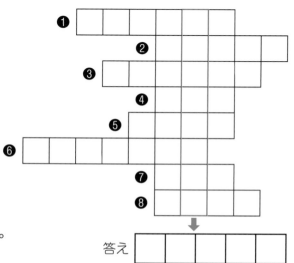

答え

3章 植物の養分と水の通り道

時間 30分　　答え▶11ページ

★★★ チャレンジ テスト

1 ある植物の枝を使って，次のような実験をしました。ただし，この枝の葉の数や表面積，くきの太さや長さは等しいものとします。

1つ10〔60点〕

実験 右の図のように，目盛りつきの試験管に同じ高さまで水を入れてから枝を入れ，水の表面に少量の油を入れました。A〜Dのそれぞれの枝には，下の文のような処理がしてあります。ただし，ワセリンとはクリーム状の油で，ぬった場所から水が出ていくのをふせぐはたらきをするものです。

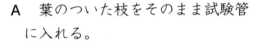

油
水

A　　　B　　　C　　　D

A 葉のついた枝をそのまま試験管に入れる。

B 葉の表にワセリンをぬってから試験管に入れる。

表

実験	A	B	C	D
減った水の量〔cm^3〕	?	17	8	2

C 葉の裏にワセリンをぬってから試験管に入れる。

D 葉を全部切りとり，切り口にワセリンをぬってから試験管に入れる。

A〜Dを日当たりのよい窓の近くに数時間置いた後，減った水の体積を調べたところ，上の表のようになりました。

(1) 実験の結果より，くきから出ていった水の量は何cm^{3}と考えられますか。

（　　　　　　　　　　）

(2) 葉の裏から出ていった水の量はどのような計算式で表されますか。最も適当なものを次のア〜オから選びましょう。

（　　　　　　　　　　）

ア B−C　**イ** B+D　**ウ** B−D　**エ** C+D　**オ** C−D

(3) 葉の表と裏から出ていった水の量はそれぞれ何cm^{3}と考えられますか。

葉の表（　　　　　　　　）　　葉の裏（　　　　　　　　）

(4) Aの試験管で減った水の量は何cm^{3}と考えられますか。

（　　　　　　　　　　）

(5) 次のア〜ウのうちで，出ていった水の量が最も多いと考えられる部分はどこですか。

（　　　　　　　　　　）

ア 葉の表　　　**イ** 葉の裏　　　**ウ** くき

得点　　　点

2 前日から暗室に置いた鉢(はち)植えの植物を，右の図のように㋐の葉はそのままにして，㋑と㋒の葉はアルミニウムはくでつつんだ後，１日中日光に当てました。その後，葉を切りとり，アルミニウムはくを外した後，湯につけてからⒶ約60℃のエタノールにひたし，湯で洗ってからⒷヨウ素液につけました。次の問いに答えましょう。

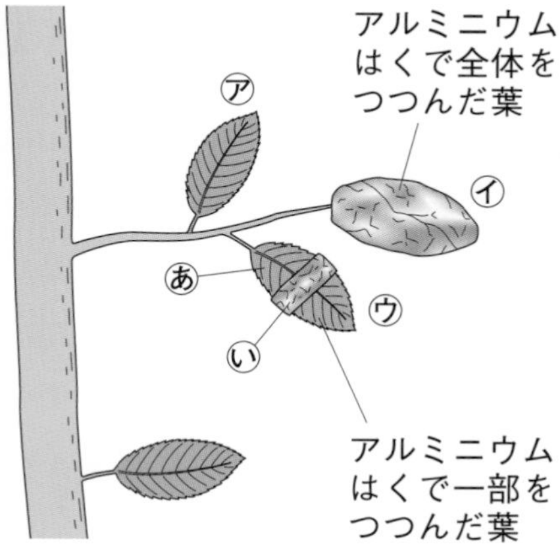

1つ6〔24点〕

(1)　下線部Ⓐでエタノールをあたためるとき，エタノールが入ったビーカーを直接火にかけず，お湯の入った容器に入れてあたためます。なぜですか。

(　　　　　　　　　　)

(2)　下線部Ⓑで，ヨウ素液につけたときの色の変化について考えます。

①　葉全体の色が変わったのは，㋐と㋑の葉のどちらですか。　(　　　)

②　㋒の葉で色が変わったのは，[あ]と[い]のどちらの部分ですか。　(　　　)

(3)　(2)から，葉にできるでんぷんについてどのようなことがいえますか。

(　　　　　　　　　　)

3 右の図のようにインゲンマメのなえをポリ袋の中に入れ，はく息を少し入れてふくらませ，二酸化炭素のこさを空気の割合の1%になるようにしました。このような実験セットを２つつくり，１つには光を十分に当てて，もう１つは暗室に入れました。そしてそれぞれについて，10分ごとにポリ袋内の二酸化炭素(にさんかたんそ)のこさを調べました。その結果は下の表のようになります。　1つ8〔16点〕

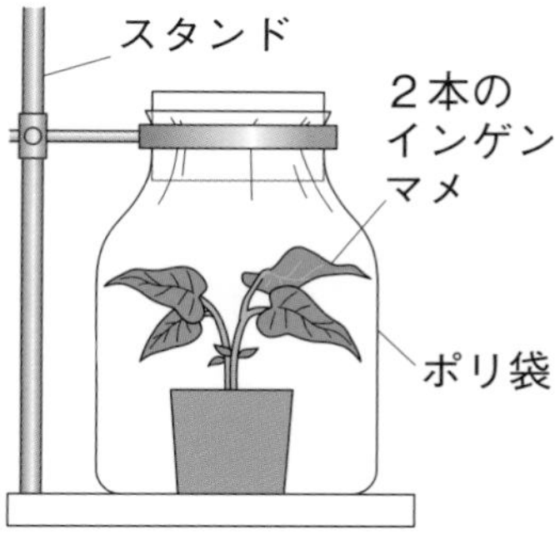

〈表〉二酸化炭素のこさ

時間	0分	10分	20分	30分	40分	50分	60分
光を当てる(セット1)%	1.00	0.88	0.76	0.64	0.52	0.40	0.28
暗室(セット2)%	1.00	1.02	1.04	1.06	1.08	1.10	1.12

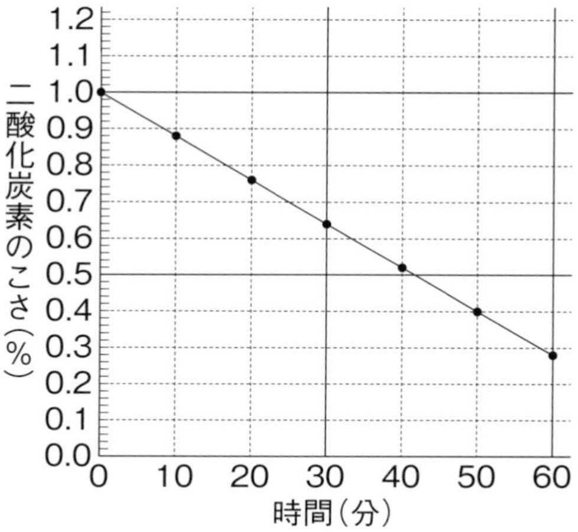

(1)　右のグラフは光を当てたときの結果を表したものです。暗室の結果をかき加えましょう。

(2)　インゲンマメが二酸化炭素(にさんかたんそ)を吸収していたのは光を当てたなえですか。暗室のなえですか。　(　　　　)

4章 生き物と環境

答え ▶ 12ページ

8 食べ物を通した生き物のつながり

標準 レベル　　　　トライ しよう

●食べ物を通した生き物のつながり

● 人は動物や植物を食べ，人が食べている動物もほかの生き物を食べている。

● 右の図のように，食べ物（カレーライス）のもとをたどっていくと，自分で養分をつくる**植物にいきつく**。

● 生き物どうしの「食べる・食べられる」というくさりのようなつながりを**食物連鎖**という。

● 食物連鎖は，日光を受けて養分をつくり出す植物からはじまっている。

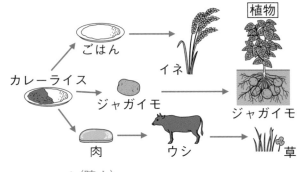

矢印の向きは「食べられる生き物」→「食べる生き物」である。

●水の中の小さな生き物

🔍観察　水の中の小さな生き物を観察する

①池や川の水底の落ち葉などについたものを，ビーカーの中の水に洗い出す。

②①の水をスポイトで1てきとり，プレパラートをつくってけんび鏡で観察する。

水底の落ち葉

！結果

ミジンコ　ゾウリムシ　ミカヅキモ

● 池や川の水の中には，さまざまな小さな生き物がいる。

● メダカなどの魚は，水の中の小さな生き物を食べて生活している。この小さな生き物は魚より小さく，肉眼で見えないほど小さいものも多い。

プレパラートのつくり方

❶ スポイト　スライドガラス
見たいものをスライドガラスにのせる。

❷ カバーガラス　ピンセット
カバーガラスをかけ，ろ紙ではみ出た水をすいとる。

1 右の図は，カレーライスの材料のもとを表したものです。次の問いに答えましょう。

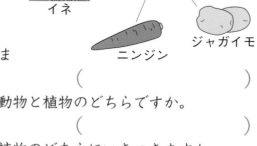

(1) 図のカレーライスには，どのような材料が入っていますか。次のア～ウから選びましょう。（　　　）

ア　動物だけ

イ　植物だけ

ウ　植物と動物の両方

(2) ウシは，植物と動物のどちらを食べていますか。（　　　）

(3) 自分で養分をつくることができるのは，動物と植物のどちらですか。（　　　）

(4) 食べ物のもとをたどっていくと，動物と植物のどちらにいきつきますか。（　　　）

2 右の図は，水の中にみられる生き物で，これらの生き物には「食べる・食べられる」という関係があります。次の問いに答えましょう。

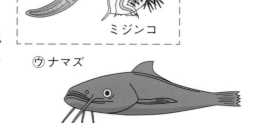

(1) 水の中の小さな生き物をけんび鏡で観察するときに採取する水としてよいものを，次のア，イから選びましょう。（　　　）

ア　１日くみ置きした水道水

イ　池の水底のしずんでいた落ち葉を洗った水

(2) けんび鏡で観察するとき，(1)の水をスライドガラスにのせたあと，カバーガラスをかけました。これを何といいますか。（　　　）

(3) あの生き物の名前を何といいますか。（　　　）

(4) 図の㋐～㋒を，食べられるものから食べるものへと順に並べましょう。（　　　→　　　→　　　）

(5) (4)のような，生き物どうしの「食べる・食べられる」というくさりのようなつながりを何といいますか。（　　　）

8 食べ物を通した生き物のつながり

答え▶12ページ

ハイレベル

1 りとさんとお父さんは，夕ごはんでつくったハンバークについて話し合いました。あとの問いに答えましょう。

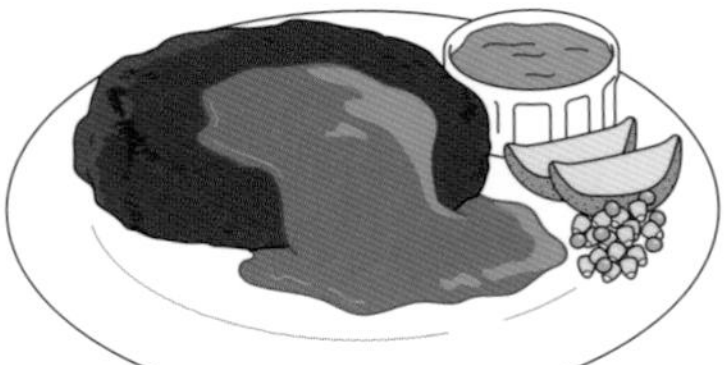

りと　自分でつくったハンバーグはおいしかったよ！

お父さん　そうだね。じゃあ，つくり方を思い出しながら，ハンバーグのもとをたどると，何にいきつくかを考えてみようか。

りと　おもしろそう。ハンバーグのおもな材料は，牛肉のひき肉，パン粉，タマネギ，卵だったね。

お父さん　その材料のもとを，動物と植物に分けてみよう。

りと　もとが動物なのは[㋐]で，植物なのは[㋑]だね。

お父さん　よくわかったね。さらに，[㋐]のもとをたどっていこう。

りと　（[あ]）のおもな食べ物は牧草で，（[い]）のおもな食べ物はトウモロコシだね。つまり，食べ物のもとをたどっていくと，日光に当たったときに（[う]）という養分をつくる（[え]）にいきつくんだね。

お父さん　その通り。

りと　この場合は，人が育てた生き物のもとをたどっていったけど，自然の中の生き物でも同じことがいえるのかな？

お父さん　それでは，シマウマ，ライオン，草の3つの生き物がすんでいる草原を例にして考えてみようか。

(1)　文中の㋐，㋑にあてはまる言葉を，次の**ア**～**エ**からそれぞれすべて選びましょう。　㋐（　　　　）　㋑（　　　　）

ア　牛肉　　**イ**　パン粉　　**ウ**　タマネギ　　**エ**　卵

(2)　文中の[あ]，[い]にあてはまる動物の名前を書きましょう。
[あ]（　　　　）　[い]（　　　　）

(3)　文中の[う]，[え]にあてはまる言葉を書きましょう。
[う]（　　　　）　[え]（　　　　）

(4)　下線部のシマウマ，ライオン，草を食べられるものから食べるものへと順に並べましょう。　（　　　　→　　　　→　　　　）

(5)　(4)より，自然の中の生き物の食べ物のもとをたどっていくと，植物，動物のどちらにいきつきますか。　（　　　　）

❷ 水の中の小さな生き物をけんび鏡で観察するため，池　図1
の水を用いて，図1の順にプレパラートをつくりまし
た。次の問いに答えましょう。

(1) 池の水を吸いとるのに使った，図1の㋐の器具を何
といいますか。　　　　　　（　　　　　　　　　　　）

(2) 図1の㋑，㋒のガラスをそれぞれ何といいますか。
　　　　　　　　㋑（　　　　　　　　　　　）
　　　　　　　　㋒（　　　　　　　　　　　）

(3) はみ出した水を吸いとるのに使った，図の㋓の紙を何といいますか。
　　　　　　　　　　　　　　　　（　　　　　　　　　　　）

(4) 図2は，けんび鏡で観察した水の中　図2
の小さな生き物のようすで，数字は観
察したときのけんび鏡の倍率を示して
います。

① 図2の㋐～㋒の生き物をそれぞれ
何といいますか。
　　　　㋐（　　　　　　　　）
　　　　㋑（　　　　　　　　）
　　　　㋒（　　　　　　　　）

② 図2の㋐～㋒のうち，実際の大きさが最も
大きい生き物はどれですか。（　　　　　　）

💡 思考力アップ
けんび鏡の倍率を大きくしなけ
れば見えないものの実際の大き
さについて考えよう。

❸ 図の㋐～㋓は，草むらに　㋐ モズ　　㋑ 草　　㋒ カマキリ　㋓ バッタ
みられた生き物をスケッチ
したものです。次の問いに
答えましょう。

(1) 図の㋐～㋓の生き物に
ついて，自分で養分をつくることができる生き物には○，つくることができない
生き物には×を書きましょう。
　　　　㋐（　　　）　㋑（　　　）　㋒（　　　）　㋓（　　　）

(2) (1)で×と書いた生き物は，どのようにして養分をとり入れているか説明しま
しょう。
（　　　　　　　　　　　　　　　　　　　　　　　　　　　　　）

(3) 図の㋐～㋓の生き物を，食べられるものが左，食べるものが右となるように，
順に並べましょう。　　　　（　　　→　　　→　　　→　　　）

4章 生き物と環境

答え▶13ページ

9 空気や水と生き物のつながり

標準レベル  トライ しよう

●空気を通した生き物のつながり

- 人などの動物は**呼吸によって酸素をとり入れ，二酸化炭素を出している。**
- **日光が当たらない夜間，植物は酸素をとり入れ，二酸化炭素を出している。**
  このように，**植物も呼吸をしている。**
- **日光が当たる昼間，植物は二酸化炭素をとり入れ，酸素を出している。** 昼間も植物は呼吸をしているが，植物が出す酸素の量が，呼吸でとり入れる酸素の量よりも多いので，全体として酸素を出しているように見える。
- **動物がとり入れる酸素は，植物がつくり出したものである。**

●水を通した生き物のつながり

- 動物や植物の体には多くの水がふくまれていて，水は体のはたらきを保ったり，成長したりするのに使われている。
- 動物は，口から水をとり入れ，体の中の水を汗やにょう，はいた息として体の外へ出している。
- 植物は，根から水をとり入れ，蒸散によって体の中の水を水蒸気として外に出している。
- **すべての生き物は，水をとり入れないと生きていくことができない。**
- 生き物から出された水は，雨などとして再び地上にもたらされる。

夜間と昼間の植物の気体の出入り

夜間
酸素 → 呼吸 → 二酸化炭素

昼間
酸素 → 呼吸 → 二酸化炭素
二酸化炭素 → でんぷんをつくる → 酸素

空気と生き物

二酸化炭素
酸素
日光が当たっているときのはたらき
呼吸
呼吸

生き物にふくまれる水の割合

生き物	水の割合
ヒト	60%
サケ（鮭）	63%
ハクサイ	95%
リンゴ	85%
ジャガイモ	80%

水と生き物

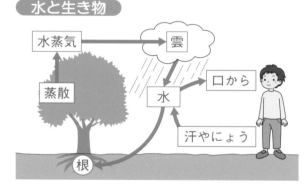

水蒸気　雲
蒸散
水
口から
汗やにょう
根

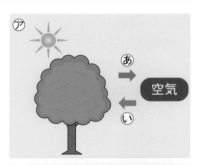

▶酸素や二酸化炭素は，動物や植物の体を出入りしている。
▶水は，動物や植物が生きるために必要であり，体を出入りしている。

1 右の図の㋐は昼間の植物の見かけの気体の出入り，㋑は夜間の気体の出入りを表しています。次の問いに答えましょう。

(1) ㋐で，植物が出す㋐の気体，植物がとり入れる㋑の気体は何ですか。

㋐ (　　　　　　　)

㋑ (　　　　　　　)

(2) ㋑で，植物が出す㋒の気体，植物がとり入れる㋓の気体は何ですか。

㋒ (　　　　　　　)

㋓ (　　　　　　　)

(3) 人などの動物は，酸素をとり入れて，二酸化炭素を出しています。このはたらきを何といいますか。

(　　　　　　　)

(4) 植物が(3)のはたらきをしているのはいつですか。次のア〜ウから選びましょう。

(　　　)

ア　㋐のときだけ行っている。　　イ　㋑のときだけ行っている。

ウ　㋐と㋑のどちらのときも行っている。

(5) 人が空気からとり入れている酸素は，動物，植物のどちらがつくり出したものですか。

(　　　　　　　)

2 右の図は，自然の中での生き物と水の関係を表したものです。次の問いに答えましょう。

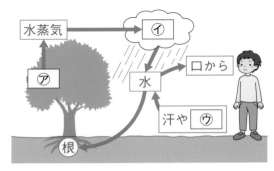

(1) ㋐は，植物が根からとり入れた水が，葉から水蒸気となって出ていくはたらきです。㋐のはたらきを何といいますか。

(　　　　　　　)

(2) 空気中の水蒸気は㋑に変化し，やがて雨となって地上にもどります。㋑は何ですか。

(　　　　　　　)

(3) 人などの動物が口から飲んだ水は，汗や㋒，はいた息として自然へ出ていきます。㋒は何ですか。

(　　　　　　　)

9 空気や水と生き物のつながり

答え▶13ページ

✦✦✦ ハイ レベル

マスターしよう

❶ 右の図のように，
植物をポリエチレン
のふくろに入れ，ふ
くろの中の酸素と二
酸化炭素の割合を気
体検知管で調べまし

気体検知管で調べる。　　　　箱　　　　気体検知管で調べる。

た。次に，箱をかぶせ，植物に光が当たらない
ようにしました。数時間置いたあと，Aのふく
ろの中の酸素と二酸化炭素の割合を気体検知管
で調べました。右の表は，このときの結果をま
とめたものです。あとの問いに答えましょう。

	酸素の体積の割合	二酸化炭素の体積の割合
㋐	20.5%	0.90%
㋑	21.0%	0.05%

(1) 図のAのふくろの中の気体検知管の結果を表したものは，表の㋐，㋑のどちら
ですか。　　　　　　　　　　　　　　　　　　　　　　　　（　　　　　　）

(2) (1)のように答えたのはなぜですか。理由を答えなさい。
（　　　　　　　　　　　　　　　　　　　　　　　　　　　　　　　　　　　）

❷ 右の図は，植物に日光が当たって
いるときの空気と生き物のかかわり
についてまとめたものです。次の問
いに答えましょう。

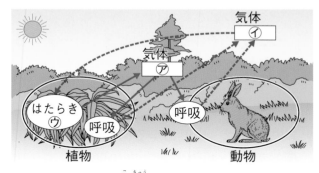

(1) 図の㋐，㋑の気体は何ですか。
　　㋐（　　　　　　　　　　）
　　㋑（　　　　　　　　　　）

(2) 日光が当たっている植物は，図の㋒のはたらきと呼吸を行っています。㋒のは
たらきと呼吸について述べた文のうち，正しいものに〇，まちがっているものに
×を書きましょう。

　①（　　　）日光が当たっていないとき，動物は㋒のはたらきを行っている。

　②（　　　）日光が当たっていないとき，植物も動物も呼吸をしている。

　③（　　　）㋒のはたらきと呼吸では，植物から出ていく気体は同じである。

(3) 日光が当たっている植物は，呼吸をしていますが，全体として酸素を出してい
るように見えます。その理由を「酸素の量」という言葉を用いて書きましょう。
（　　　　　　　　　　　　　　　　　　　　　　　　　　　　　　　　　　　）

❸ 右の図は，自然の中を水が循環するよう<ruby>循環<rt>じゅんかん</rt></ruby>するようすを示したものです。次の問いに答えましょう。

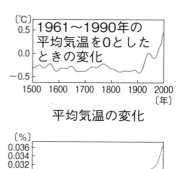

(1) ヒトの体にふくまれる水の割合は，体重のおよそ何％ですか。次の**ア〜エ**から選びましょう。

（　　　　　）

ア 20%　　　**イ** 40%
ウ 60%　　　**エ** 80%

(2) 図のAの矢印は，空気中から地表へ水が移動する向き，Bの矢印は，地表から空気中へ水が移動する向きを表しています。A，Bにあてはまるものを，次の**ア〜エ**からそれぞれ選びましょう。　　　　A（　　　　　）B（　　　　　）

ア 雨　**イ** <ruby>呼吸<rt>こきゅう</rt></ruby>　**ウ** <ruby>食物連鎖<rt>しょくもつれんさ</rt></ruby>　**エ** <ruby>蒸発<rt>じょうはつ</rt></ruby>

(3) 植物の体の中の水は<ruby>水蒸気<rt>すいじょうき</rt></ruby>となって空気中へ出ていきます。

① このはたらきを何といいますか。　　　　　　　（　　　　　　　　）

② ①で体から出ていった水は，植物がどのようにしてとり入れていますか。

（　　　　　　　　　　　）

(4) 動物は，体から水が出ていくため，直接水を飲んだり，食べ物にふくまれる水分から水をとり入れたりしています。動物の体から水が出ていく例を1つ書きましょう。　　　　　　（　　　　　　　　　　　　）

4章 生き物と環境

時間 30分　答え▶14ページ

★★★ チャレンジ テスト

1 右の図は，陸上の生き物の「食物連鎖」というつながりを，矢印を用いて表したものです。あとの問いに答えましょう。ただし，矢印は，食べられるものから食べるものへと向かって表しています。

1つ7〔42点〕

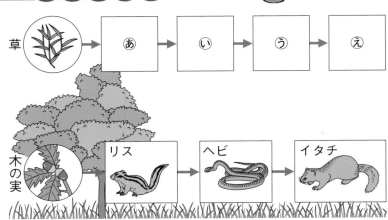

草 → あ → い → う → え

木の実 → リス → ヘビ → イタチ

(1) 図のあ〜えにあてはまる動物を，次のア〜オから1つずつ選びましょう。

あ（　　　　）　い（　　　　）　う（　　　　）　え（　　　　）

ア　トノサマバッタ　　イ　ホウセンカ　　ウ　モズ

エ　カマキリ　　オ　タカ

(2) 生き物の食物連鎖について述べた次のア〜ウの文について，正しいものを選びましょう。（　　　　）

ア　動物の食べ物のもとをたどっていくと，植物にいきつく場合と動物にいきつく場合がある。

イ　図ではイタチはヘビを食べると表されているが，イタチが別の生き物を食べることもある。

ウ　土の中の生き物の間には，食物連鎖の関係はない。

(3) ある高原にシカとオオカミが住んでいました。シカはこの地域の草をえさにしていました。シカの数が減ってきたので保護するために，1906年からシカをえさにするオオカミの狩りが行われました。右の図はそのときのシカの数の変化を表したものです。1925年までシカが増えた理由と，1925年からシカが減った理由を推測しましょう。

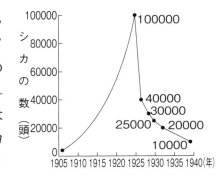

（
　　　　　
）

2 植物の気体の出入りを調べるため，次の実験を行いました。表は，それぞれの実験でのふくろの中の酸素と二酸化炭素の体積の割合を示したものです。あとの問いに答えましょう。

1つ9〔18点〕

	酸素の体積の割合	二酸化炭素の体積の割合
実験1	18%	3%
実験2	20%	㋐
実験3	㋑	2%

実験1 植物にポリエチレンのふくろをかぶせて息をふきこみ，図のようにふくろの中の気体の割合を調べた。

実験2 実験1の後，植物を数時間日光に当て，ふくろの中の気体の割合を調べた。

実験3 実験2の後，植物を日光に当たらない暗室に数時間置き，ふくろの中の気体の割合を調べた。

(1) 表の㋐の結果として考えられるものを，次のア〜ウから選びましょう。　　　　　　　（　　　　　）

　　ア　3%よりも大きい。　　イ　3%　　ウ　3%よりも小さい。

(2) 表の㋑の結果として考えられるものを，次のア，イから選びましょう。　　　　　　（　　　　　）

　　ア　20%よりも大きい。　　イ　20%よりも小さい。

3 図は生き物とかんきょうとの関係や，生き物どうしの関わり合いを示しています。→は，矢印のさす向きの生き物に食べられることを示しています。次の問いに答えましょう。

1つ8〔40点〕

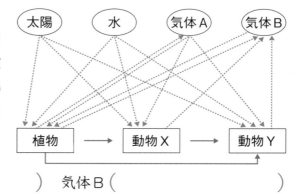

(1) 気体A，気体Bはそれぞれ何ですか。

　　　　気体A（　　　　　　　　　　）　気体B（　　　　　　　　　　）

(2) 気体Bが植物に向かう矢印で示されるはたらきは，いつ行われていますか。最も適当なものを次のア〜ウから選びましょう。　　　　　　　　　（　　　　　）

　　ア　1日中　　　イ　日光の当たる昼間　　　ウ　夜間

(3) 次のア〜オのうち，動物Xにあてはまる動物はどれですか。すべて答えましょう。　　　　　　　　　　　　　　　　　　　　　　　　（　　　　　）

　　ア　アゲハ　　イ　カブトムシ　　ウ　クモ　　エ　カマキリ　　オ　イナゴ

(4) (3)で選んだもののうち，一生のうちに食べ物が変わるものはどれですか。すべて答えましょう。　　　　　　　　　　　　　　　　　　（　　　　　）

答え▶15ページ

10 月の見え方

標準レベル　トライしよう

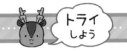

●月の見え方

実験 月への光の当たり方と月の見え方の関係を調べる

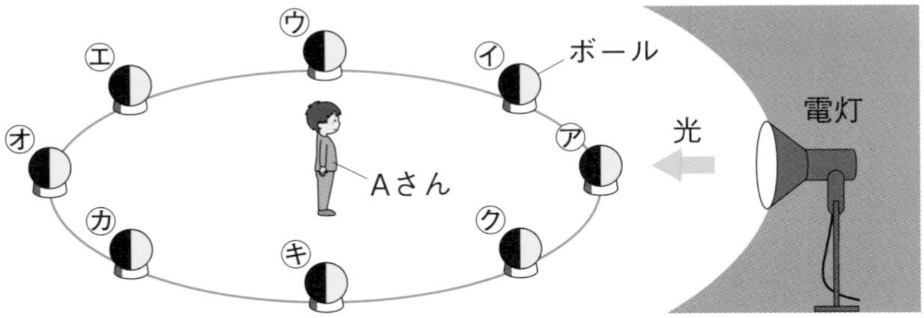

暗くした部屋で，㋐〜㋗に置いたボール に電灯(でんとう)で光を当て，ボールの光って見える部分の形を調べる。

電灯を太陽，ボールを月，Aさんを地球に見立てている。

[!]結果

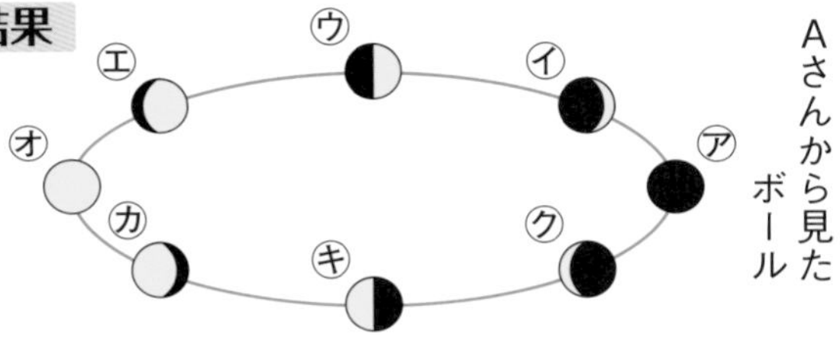

- ボール（月）の光って見える向きには，電灯(でんとう)（太陽）がある。
- 実際の月では，㋐は**新月**，㋑は三日月，㋒と㋖は半月，㋔は**満月**と呼ばれる。

★考察 ボールの位置によって見え方が変わることから，**月と太陽の位置関係が変わることで月の形が変わって見える**と考えられる。

●太陽のようす

- 太陽は，**球形であり，自ら光を出してかがやいている。**

●月のようす

- 月は，**球形であり，自ら光を出さず，太陽の光を反射(はんしゃ)してかがやいている。**

太陽

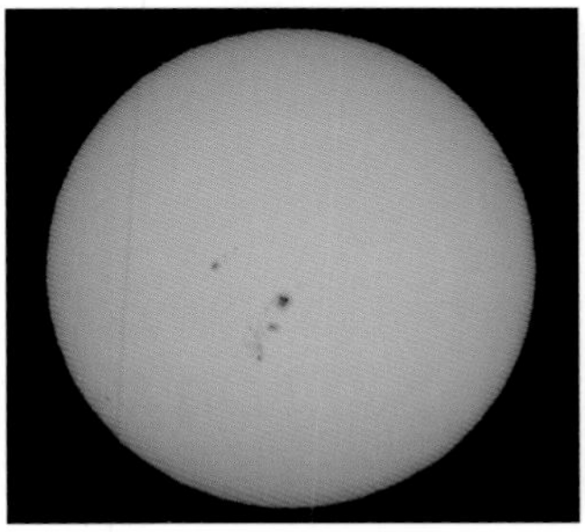

月

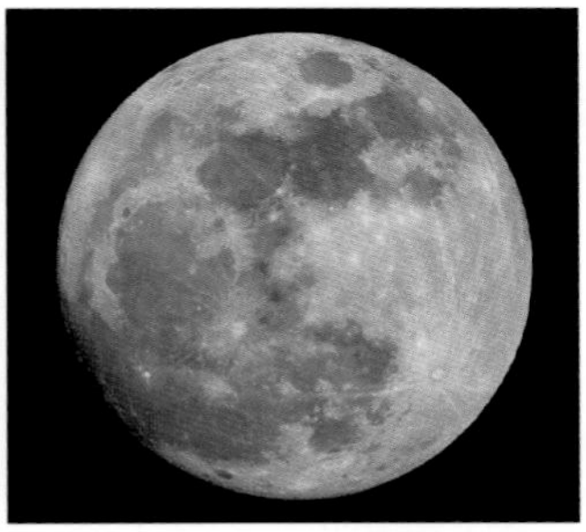

- 太陽と月の位置関係は約１か月かけてもとにもどるので，月の形の変化も約１か月でもとにもどる。
- 月の表面は岩石や砂でおおわれていて，**クレーター**と呼ばれる丸いくぼみがたくさんある。

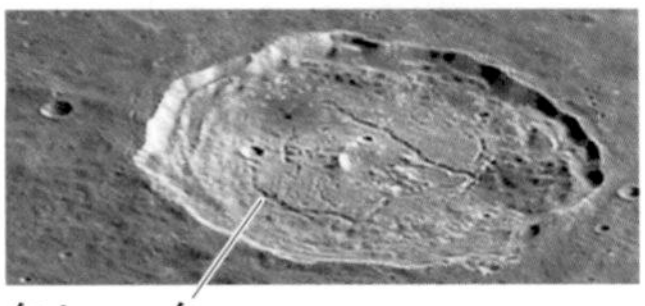

キーポイント
▶月の形が変わって見えるのは，月と太陽の位置関係が変わるためである。
▶太陽も月も球形であるが，太陽は自ら光を出し，月は自ら光を出さない。

1 図1のようにボールと電灯を使って，月の形の見え方について調べました。次の問いに答えましょう。

図1

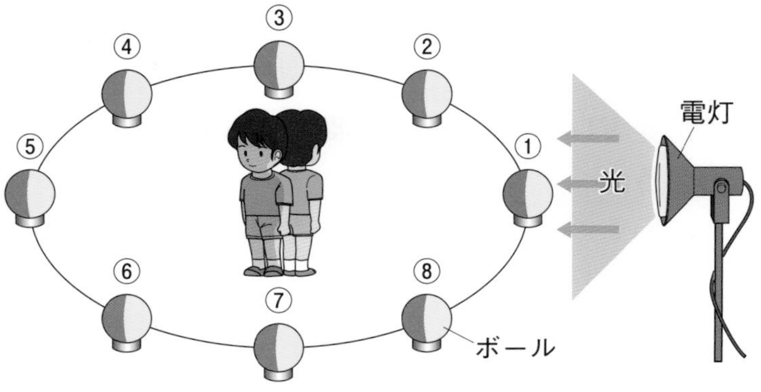

(1)　この実験では，人，電灯，ボールを，それぞれ月，太陽，地球のどれに見立てていますか。

人（　　　　　）　電灯（　　　　　）
ボール（　　　　　）

(2)　図2は，図1で人がボールを見たときの見え方を示したものです。図2の㋐～㋔のように見えるのは，ボールが図1の①～⑧のどの位置にあるときですか。

図2

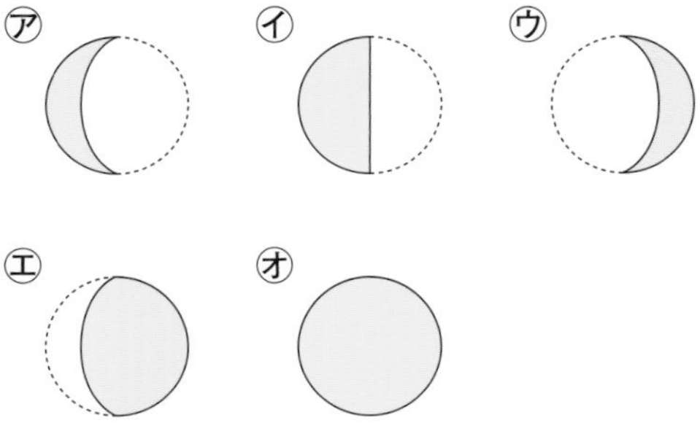

㋐（　　　）　㋑（　　　）
㋒（　　　）　㋓（　　　）
㋔（　　　）

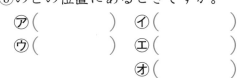

(3)　この実験から，太陽があるのは，月の光って見える側，光って見えない側のどちらだとわかりますか。

（　　　　　）

2 太陽と月について，次の問いに答えましょう。

(1)　太陽と月は，それぞれどのような形をしていますか。

太陽（　　　　　）　月（　　　　　）

(2)　太陽と月はどのようにして光っていますか。次の**ア**～**ウ**からそれぞれ選びましょう。　太陽（　　　）　月（　　　）

ア　自ら光を出して光っている。　**イ**　月の光を反射して光っている。
ウ　太陽の光を反射して光っている。

(3)　月の表面は，何でおおわれていますか。次の**ア**～**ウ**から選びましょう。

（　　　）

ア　水　**イ**　岩や砂　**ウ**　高温のガス

10 月の見え方

答え▶15ページ

 ハイレベル  マスターしよう

1 図1は，地球とさまざまな位置の月を表したものです。図2は，月が図1の①〜⑧の位置にあるときの地球から見た月の形を表しています。次の問いに答えましょう。

図1

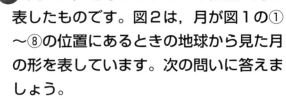

(1) 図1では，太陽は右側と左側のどちらの向きにありますか。

（　　　　　　　）

図2

(2) 月が図1の①，③，⑤，⑧の位置にあるとき，地球から見た月の形として適当なものを，図2のア〜クからそれぞれ選びましょう。

①（　　　） ③（　　　） ⑤（　　　） ⑧（　　　）

(3) 図1の①，⑤の位置にあるときの月をそれぞれ何といいますか。

①（　　　　　　　） ⑤（　　　　　　　）

(4) 夕方，東の空からのぼり，真夜中に南の空の高いところを通り，明け方，西の空にしずむのは，月が図1の①〜⑧のどの位置にあるときですか。

（　　　　　　　）

(5) 日によって月の形が変わって見えるのはなぜですか。「位置関係」という言葉を用いて答えましょう。

（　　　　　　　　　　　　　　　　　　　）

2 月と太陽について，次の問いに答えましょう。

(1) 太陽が光って見えるのはなぜですか。次のア〜ウから選びましょう。

（　　　）

ア　月の光を反射しているから。　　イ　自ら光を出しているから。
ウ　地球の光を反射しているから。

(2) 月が光って見えるのはなぜですか。

（　　　　　　　　　　　　　　　　　）

(3) 月の表面は何でできていますか。次のア〜ウから選びましょう。

ア　高温のガス　　イ　岩や砂　　ウ　水　　（　　　）

(4) 月の表面にある丸いくぼみを何といいますか。　（　　　）

❸ 下の図は，日ぼつ直後の月を1日おきに観察したものです。あとの問いに答えましょう。

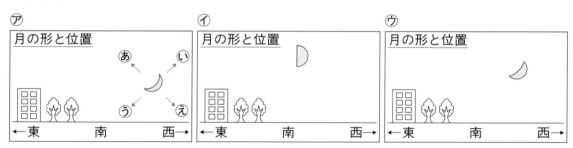

(1) 図の㋐〜㋒の図を，観察した日の順に並べましょう。

（　　　　→　　　　→　　　　）

(2) 図の㋐，㋑の月の形を，それぞれ何といいますか。

㋐（　　　　　　　）　㋑（　　　　　　　）

(3) 図の㋐のとき，太陽は月のどちら側にありますか。㋐〜㋓から選びましょう。

（　　　　）

(4) 図の㋐のとき，30分後，月はどの向きに移動していましたか。㋐〜㋓から選びましょう。

（　　　　）

(5) 月が図の㋑のような形に見えたあと，再び㋑のような形に見えるまではどのくらいの期間がかかりますか。次の**ア**〜**エ**から選びましょう。　（　　　　）

ア 約1週間　　**イ** 約1か月
ウ 約半年　　**エ** 約1年

ちょこっと サイエンス

　太陽が月にかくされて，太陽の全体または一部が見えなくなることを日食といいます。日食は，『太陽－月－地球』の順に一直線上に並ぶときに起こるので，日食のときの月は新月です。

　月が地球のかげにかくれて，月の全体または一部が見えなくなることを月食といいます。月食は，『太陽－地球－月』の順に一直線上に並ぶときに起こるので，月食のときの月は満月です。

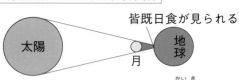

太陽の全体がかくされる日食を皆既日食，一部がかくされる日食を部分日食という。

皆既日食

月の全体が地球のかげに入る月食を皆既月食，一部が入る月食を部分月食という。

部分月食

5章 月と太陽

時間 30分　　答え ▶ 16ページ

$\bigstar\bigstar\bigstar$ チャレンジ テスト

1 7月1日，ある時刻に月を観察し，7日後の7月8日の同じ時刻に月を観察しました。図1，図2は，このときの月の形と方位を表したものです。次の問いに答えましょう。　　　1つ5〔15点〕

図1

東

図2

南

(1) 図1と図2の月を観察した時刻は何時ごろですか。次のア～ウから選びましょう。
（　　　　　）

　ア　18時ごろ
　イ　21時ごろ
　ウ　0時ごろ

(2) 7日後の7月8日に月を観察したようすは，図1，図2のどちらですか。
（　　　　　　　　）

(3) 14日後の7月15日に月を観察したとき，月はどのような形をしていますか。次のア～エから選びましょう。　　　（　　　　　）
　ア　右側が光っている半月　　イ　三日月
　ウ　左側が光っている半月　　エ　どの部分も光って見えない。

2 右の図は，夕方に西の空に見られた月と太陽の位置関係を示したものです。次の問いに答えましょう。　　　1つ5〔15点〕

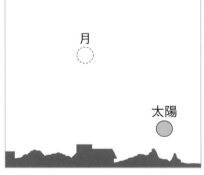

月

太陽

(1) 図のとき，月はどのような形に見えますか。次のア～ウから選びましょう。　　　（　　　　　）

 ㋐　　　 ㋑　　　 ㋒

(2) 月の形が日によって変わって見えるのはなぜですか。次の①，②にあてはまる言葉を書きましょう。　　①（　　　　　　　　）　②（　　　　　　　　）

　　月の形が日によって変わって見えるのは，日によって（ ① ）と月の位置関係が変わり，（ ② ）が当たって明るく見える部分が変わるためである。

得点　　点

3 図1は，太陽と月の位置関係を示したものです。図2は，地球から見た月の形のスケッチです。これについて，あとの問いに答えましょう　1つ5〔35点〕

図1

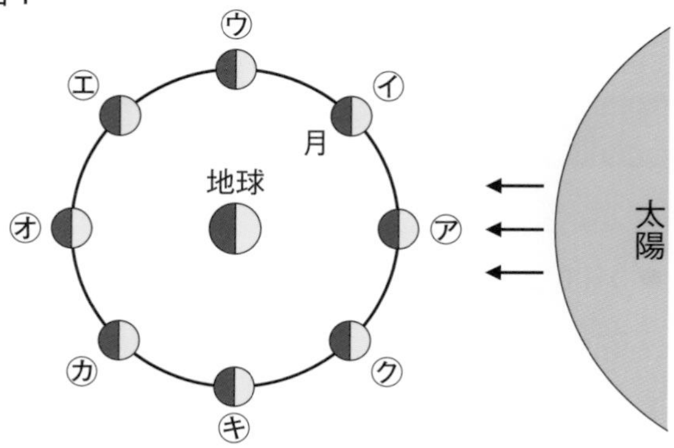

図2

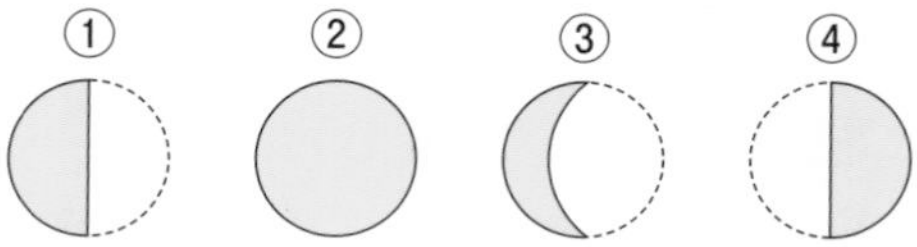

(1)　図2の①～④の月は，図1の㋐～㋗のどの位置にあるときに見られますか。

①（　　　　）
②（　　　　）
③（　　　　）
④（　　　　）

(2)　図2の②のような形の月を何といいますか。

（　　　　　　　）

(3)　1日中見ることができないのは，図1の㋐～㋗のどの位置にある月ですか。理由とともに答えましょう。

（　　　　　　　　　　　　　　　　　　　　　　　　）

(4)　図2の月の①の月と同じ形の月が見えるのは，①の月が見えたときから約何日後ですか。次の**ア**～**エ**から選びましょう。（　　　）

ア　約15日後　　**イ**　約21日後　　**ウ**　約30日後　　**エ**　約45日後

4 月と太陽について，次の問いに答えましょう。　1つ7〔35点〕

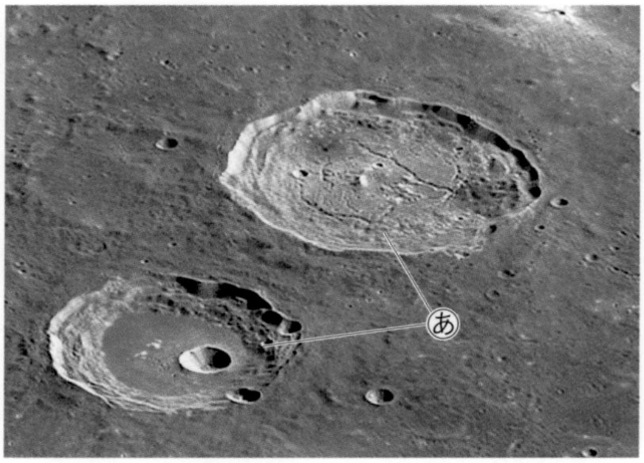

(1)　右の図は，月の表面のようすです。[あ]の丸いくぼみを何といいますか。

（　　　　　　）

(2)　(1)のくぼみはどのようにしてできたと考えられますか。次の**ア**，**イ**から選びましょう。（　　　）

ア　水の流れによってできた。　　**イ**　石や岩がぶつかってできた。

(3)　次の①～③の文のうち，月だけにあてはまるものは**ア**，太陽だけにあてはまるものは**イ**，月と太陽のどちらにもあてはまるものは**ウ**を書きましょう。

①（　　　）　②（　　　）　③（　　　）

①　自(みずか)ら光を出して光っている。
②　表面は，岩石や砂におおわれている。
③　球形である。

6章 土地のつくりと変化

答え▶17ページ

11 地層の観察

●地層

● がけなどには，いくつかの層が重なったしま模様がみられるところがある。このような層の重なりを地層という。地層のしま模様は，表面だけでなく，横やおくにも広がっている。

●地層をつくっているもの

🔍観察　地層をつくっているものを調べる

地層から採取したものの色，大きさ，形などを観察する。また，火山灰（火山からふき出されたつぶ）は，下の図のような手順で観察する。

火山灰

❶火山灰のつぶを入れ物に入れて水を加え，つぶを指でこすって洗う。

❷にごった水はとりかえて何度も洗う。

❸水がにごらなくなったら水をすて，つぶをかわかす。

❹そう眼実体けんび鏡などで観察する。

!結果

どろの層	砂の層	れきの層	火山灰の層
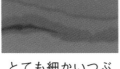			
とても細かいつぶ（どろ）からなる。	小さな砂からなる。	小石（れき）が混じっている。	いろいろな色の角ばったつぶからなる。

※どろ・砂・れきは丸みがあり，つぶの大きさはどろ＜砂＜れき（2mm以上）。

★考察　地層は，どろ，砂，れき，火山灰などが重なってできている。

● 化石　地層にふくまれる，大昔の生き物の体，生活のあと。

● ボーリング　地下のようすを調べるため，地面の下の土などを，機械を使って掘りとること。掘りとったものをボーリング試料という。

貝の化石

> **キーポイント**
> ▶がけなどに見られるいくつかの層の重なりを地層という。
> ▶地層は，どろ，砂，れき，火山灰などが重なってできている。

1 右の図は，がけに見られたしま模様の層をスケッチしたものです。次の問いに答えましょう。

(1) 図のように，どろ，砂，れきが層になって重なったものを何といいますか。

（　　　　　　　　　　）

(2) どろ，砂，れきは何で区別しますか。次のア～ウから選びましょう。　　　（　　　）

　ア　つぶの色
　イ　つぶの形
　ウ　つぶの大きさ

(3) 図のがけがしま模様に見えるのはなぜですか。次のア～ウから選びましょう。

（　　　）

　ア　層によってふくまれているつぶのかたさがちがうから。
　イ　層によってふくまれているつぶの色や大きさがちがうから。
　ウ　どの層もふくまれているつぶは同じだが，層によって厚さがちがうから。

2 下の図は，火山灰の層や，れき，砂，どろの層から採取したものを拡大して観察したときのようすです。あとの問いに答えましょう。

㋐	㋑	㋒	㋓
		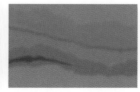	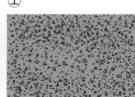
2mm以上のつぶがある	とう明のつぶがある	㋓より小さいつぶでできている	㋐より小さく㋒より大きいつぶでできている

(1) つぶが角ばっているものはどれですか。図の㋐～㋓から選びましょう。

（　　　　　　）

(2) れき，どろ，砂をつぶの大きいものから順に並べましょう。

（　　　　　→　　　　　→　　　　　）

(3) 砂の層を観察したようすを表しているものはどれですか。図の㋐～㋓から選びましょう。

（　　　）

(4) 火山灰の層から採取したものはどれですか。図の㋐～㋓から選びましょう。

（　　　）

答え▶17ページ

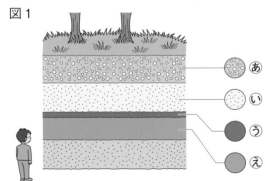

1 図1は，道路沿いのがけに見られた地層のようすのスケッチです。あ，い，えの層は丸みのあるつぶでできていて，あの層のつぶには2mm以上の石が混じっていました。また，うの層のつぶは角ばっていました。次の問いに答えましょう。

図1

(1) 地層の広がり方について正しく説明しているものを，次のア〜ウから選びましょう。
（　　　　）

ア 地層のしま模様は表面だけで，そのおくや横には広がっていない。

イ 地層のしま模様は表面とそのおくだけで，横には広がっていない。

ウ 地層のしま模様は表面だけでなく，そのおくや横にも広がっている。

(2) 図のあの層とうの層をつくっているものは何ですか。次のア〜エから選びましょう。
あ（　　　　）　う（　　　　）

ア 火山灰　　イ 砂　　ウ れき　　エ どろ

(3) 図1のいの層からは，図2のようなアサリの貝がらが見つかりました。

図2

① 図2のアサリの貝がらのような地層にふくまれる生き物の体を何といいますか。
（　　　　）

② 図1のいの層からアサリの貝がらが見つかったことから，いの層はどこでできたと考えられますか。次のア，イから選びましょう。
（　　　　）

ア 海の中　　イ 陸上

 思考力アップ

アサリの貝がらがいのつぶの間にあることから，いの地層がどこにあったかを考える。

🏠 中学へのステップアップ

地層にふくまれる化石の種類を調べることで，その地層ができた環境や年代がわかることがある。
・示相化石　その生物の化石がふくまれる地層ができた当時の環境を知る手がかりとなる化石。
　例　アサリ…浅い海　サンゴ…あたたかくて浅い海　シジミ…湖や河口　ブナ…やや寒い気候の土地
・示準化石　その生物の化石がふくまれる地層ができた年代を知る手がかりとなる化石。年代は，古いものから順に，古生代，中生代，新生代に分けられる。
　例　フズリナ，サンヨウチュウ…古生代　恐竜，アンモナイト…中生代　ビカリア…新生代

2 地層から採取した火山灰のつぶをそう眼実体けんび鏡で観察しました。右の図は，そう眼実体けんび鏡で観察する前に行った操作の一部を示しています。次の問いに答えましょう。

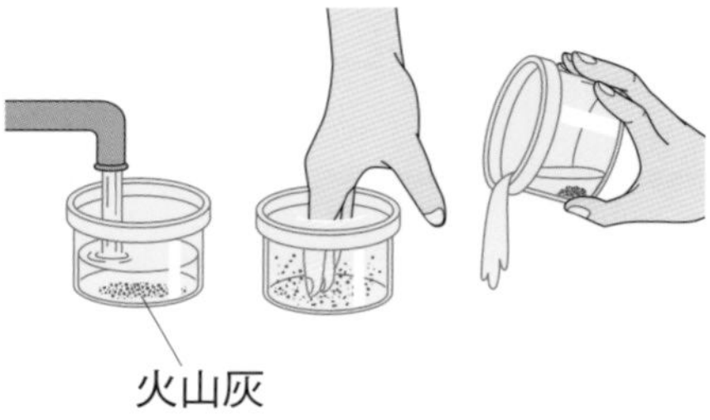

(1) 次の**ア**～**ウ**は，そう眼実体けんび鏡で観察する前に，火山灰のつぶに行う操作を示しています。**ア**～**ウ**を正しい操作の順になるように並べましょう。 (　　→　　→　　)

ア 水がにごらなくなったら水をすて，つぶをかわかす。

イ 火山灰のつぶを入れ物に入れて水を加え，つぶを指でこすって洗う。

ウ にごった水はとりかえて何度も洗う。

(2) 観察した火山灰のつぶのようすとして正しいのはどれですか。次の**ア**～**ウ**から選びましょう。 (　　)

ア 丸みがあるつぶで，いろいろな色をしている。

イ 角ばっているつぶで，すべて茶色である。

ウ 角ばっているつぶで，いろいろな色をしている。

3 図1は，ボーリングで採取した土です。図2は，校庭の３つの地点でボーリングを行い，それらの地点での地表から深さ5mまでの地層の重なり方を表したものです。あとの問いに答えましょう。

図１

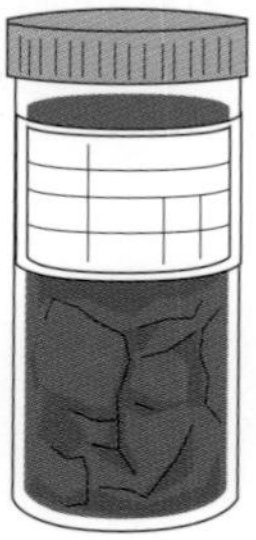

図２

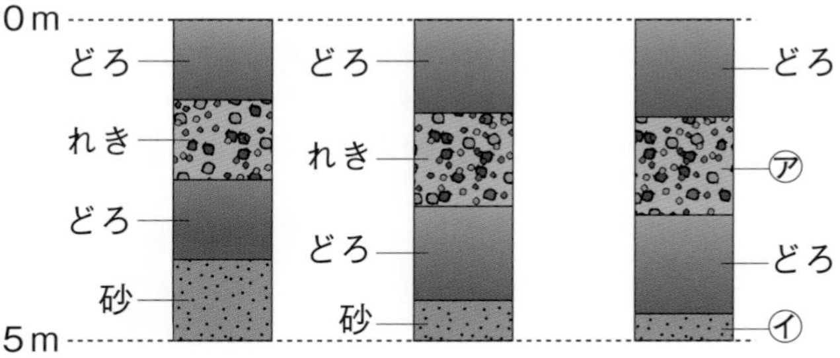

(1) 図１のようなボーリングで採取した土を何といいますか。

(　　)

(2) 図１の土はどのようにして採取したものですか。次の**ア**，**イ**から選びましょう。 (　　)

ア 地面の下の土を機械で掘りとった。

イ 地面の表面の土をスコップで集めた。

(3) 図２の㋐，㋑はそれぞれ何の層だと考えられますか。

㋐(　　)　㋑(　　)

12 地層のでき方

標準 レベル

トライ
しよう

●水のはたらきでできる地層

🔍**観察　地層が水のはたらきでどのようにできるかを調べる**

水の中で土がどのように積もるのか，調べてみよう！

❶ 砂とどろをふくむ土を水で水そうに流しこみ，積もり方を観察する。

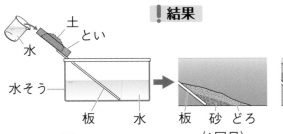

！**結果**

土
とい
水
水そう
板　水

板　砂　どろ
〈1回目〉

砂
どろ
板 砂　どろ
〈2回目〉

❷ びんに砂とどろと水を入れ，よくふってしばらくおく。

！**結果**

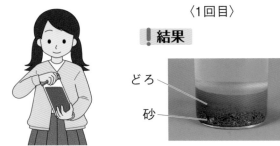

どろ
砂

★**考察**　水のはたらきで運ばれた土は，**つぶの大きいものが先にたい積して**，層となって水底にたい積する。また，新しく積もった層が上になる。

- 多くのれきが砂などで固められた岩石を**れき岩**，砂が固められた岩石を**砂岩**，どろが固められた岩石を**でい岩**という。
- れき岩，砂岩，でい岩をつくるつぶは，流れる水のはたらきによって運ばれたため，**角がとれて丸みがある**。

れき岩
砂とれき

砂岩
砂

でい岩
どろ

●火山のはたらきでできる地層

- 火山の噴火でふき出された火山灰やれきなどは，遠くまで運ばれてふり積もって地層になる。
- 火山灰の層にふくまれる**つぶは角ばっている**。
- 火山の噴火でできたれきには，小さな穴が見られる。

火山灰

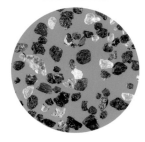

キーポイント
- ▶地層は，水のはたらきや火山のはたらきによってできる。
- ▶地層には，れきが固まったれき岩，砂が固まった砂岩，どろが固まったでい岩がある。

1 **地層ができるようすを調べるために，下の図のような装置をつくりました。次に，といに砂とどろをふくむ土を置き，といに水を流して，水そうの水の中に流しこむ実験をしました。あとの問いに答えましょう。**

図1

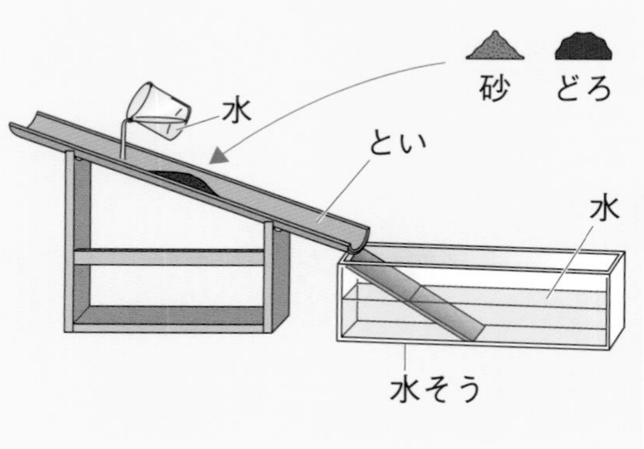

図2

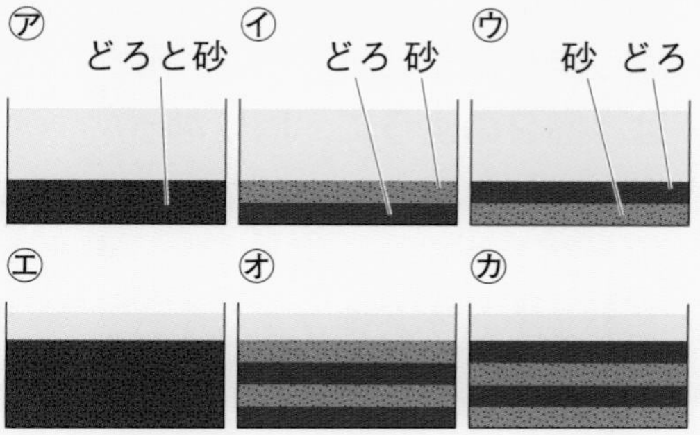

(1) 砂とどろのうち，つぶの大きさが大きいものはどちらですか。
（　　　　　）

(2) 砂とどろをふくむ土をいちど流しこんだとき，水そうの水の中にどのように積もりますか。図2の㋐～㋒から選びましょう。（　　　）

(3) さらにもういちど，砂とどろをふくむ土を流しこむと，どのように積もりますか。図2の㋓～㋕から選びましょう。（　　　）

(4) 流れる水のはたらきによる地層はどこでできると考えられますか。次の**ア**～**エ**から選びましょう。（　　　）

ア　山の頂上　　**イ**　山のふもと　　**ウ**　川の中　　**エ**　海や湖の底

2 **右の図は，水のはたらき，または火山のはたらきのどちらかでできた地層から採取したれきです。次の問いに答えましょう。**

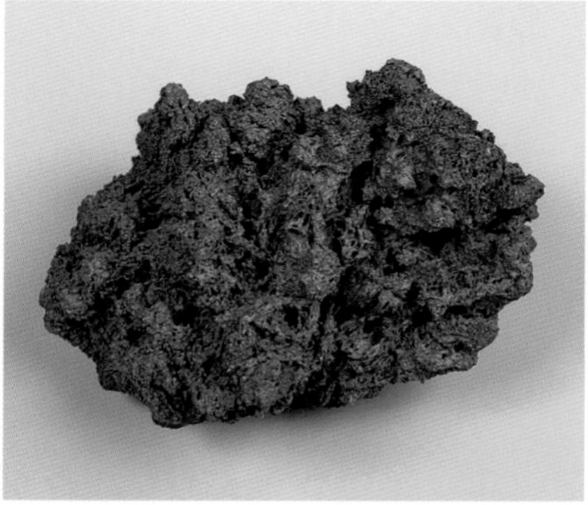

(1) 図のれきの特ちょうを，次の**ア**～**ウ**からすべて選びましょう。（　　　　　）

ア　角がなく，丸みがある。

イ　角ばっている。

ウ　小さな穴がたくさんあいている。

(2) 図のれきは，水のはたらき，火山のはたらきのどちらでできた地層から採取したものですか。（　　　　　）

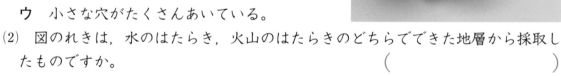

✦✦✦ **ハイ**レベル マスターしよう

❶ 水のはたらきによる地層の
でき方について調べるため，
図1のような装置を組み立
て，どろ，れき，砂をふくむ
土を水といっしょに水そうへ
流しました。どろ，れき，砂
は，図2のように，層になっ
て分かれて積もりました。次の問いに答えましょう。

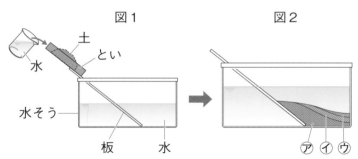

(1) 図1のとい，水そうは，自然の中ではそれぞれ何にあたりますか。次のア～エ
からそれぞれ選びましょう。　　　　　とい（　　　　　）　水そう（　　　　　）

ア　山　　イ　川　　ウ　雨　　エ　海

(2) 図2の㋐～㋒には，それぞれどろ，れき，砂の何が積もったと考えられます
か。

㋐（　　　　　　　）　㋑（　　　　　　　）　㋒（　　　　　　　）

(3) 川で運ばれてきたどろ，れき，砂のうち，河口から最も遠くに積もるのは何だ
といえますか。この実験をもとに理由とともに答えましょう。

（　　　　　　　　　　　　　　　　　　　　　　　　　　　　　　　　　）

❷ 右の図は，地層の中に見ら
れたれきと，川原に見られた
れきのようすを示したもので
す。次の問いに答えましょ
う。

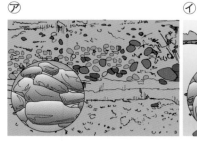
地層の中のれき

川原のれき

(1) 図の㋐と㋑のれきについ
て正しく述べたものを，次
のア～エから選びましょう。
（　　　　　）

ア　㋐のれきは角ばっているが，㋑のれきは丸みがある。

イ　㋑のれきは角ばっているが，㋐のれきは丸みがある。

ウ　㋐のれきも㋑のれきも角ばっている。

エ　㋐のれきも㋑のれきも丸みがある。

(2) 図の㋐の層はどのようにしてできたと考えられますか。

（　　　　　　　　　　　　　　　　　　　　　　　　　　　　　　　　　）

3 右の図は，ある川の河口付近を上から見たようすを模式的に表したものです。河口から近い順にA，B，Cとして，A，B，Cには，それぞれどろ，砂，れきのどれかが積もっているものとします。次の問いに答えましょう。

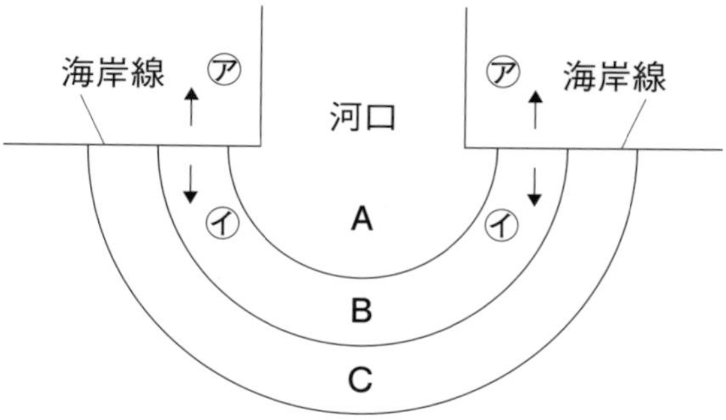

(1) どろ，砂，れきのうち，最もしずみやすいものはどれですか。

（　　　　　　）

(2) A，B，Cには，それぞれどろ，砂，れきのうちの何が積もっていますか。

A（　　　　　）　B（　　　　　）　C（　　　　　）

(3) 時間を重ねるごとに河口付近の海岸線の位置は図の㋐，㋑のどちらの方向に移動すると考えられますか。理由もふくめて答えましょう。ただし，急に土地がもち上がったり，しずんだりするような大地の変化はないものとして考えます。

（　　　　　　　　　　　　　　　　　　　　）

4 右の図はある地点で観察された地層のスケッチです。次の問いに答えましょう。

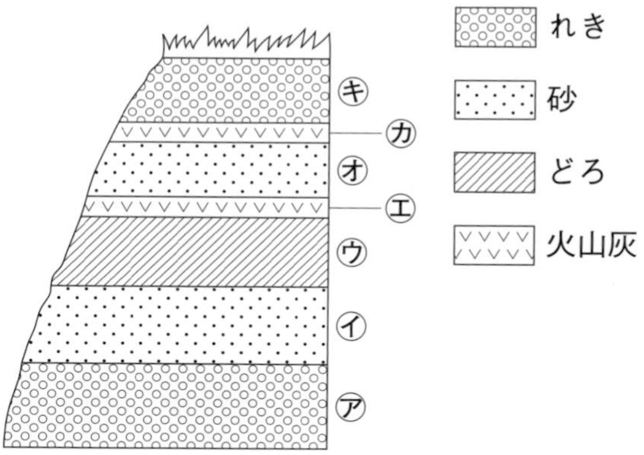

(1) 図の㋐～㋖のうちで，最も古い時代に積もった層はどれだと考えられますか。

（　　　）

(2) (1)のように考えたのはなぜですか。理由を答えましょう。

（　　　　　　　　　　　　　　　　　　　　）

(3) ㋐～㋖の層が積もる間に，何度の火山の噴火があったと考えられますか。

（　　　　　　）

(4) ㋐～㋒の地層が積もる間に，この地点の河口からの距離はどのように変化したと考えられますか。理由とともに文で答えましょう。

（　　　　　　　　　　　　　　　　　　　　）

答え▶19ページ

13 火山や地震と大地の変化

標準 レベル

トライ
しよう

●火山による土地の変化と災害

● **マグマ**　火山の地下にある，岩石が高温によってどろどろにとけたもの。

● **よう岩**　火山が噴火したとき，マグマが火口から流れ出たもの。マグマが冷え固まった岩石もよう岩という。

● **火山灰**　火山が噴火したとき，火口からふき出される細かくて軽い岩石のつぶ。**風によって広いはんいに運ばれる。**

● **火山による大地の変化**　火山灰やよう岩によって土地が大きく変化したり，新しく山や島，湖，くぼ地などができたりする。

● **火山による災害**　土地や建物，農作物が火山灰やよう岩におおわれたりして，災害が起こることがある。

● **火山の利用とめぐみ**　火山の熱は，温泉や地熱発電に利用されたりする。

●地震による土地の変化と災害

● **断層**　大きな力がはたらいてできる土地のずれ。断層ができるときなどに地震が起こる。

● **地震による大地の変化**　土地がもち上がったり，しずんだり，山やがけがくずれたりして土地のようすが変化することがある。

● **地震による災害**　建物がこわれたり，地割れや土砂くずれが起こったりして被害をこうむることがある。また，海底の地下で地震が発生すると津波が発生することがある。

● **地震への対策**　建物を補強したり，地震が起きたときにその情報をすぐに知らせる**きん急地震速報**などを出したりしている。

火山の噴火のようす

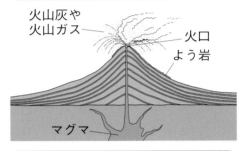

火山灰や
火山ガス
火口
よう岩
マグマ

噴火によって新しくできた山

昭和新山(北海道)

地表に現れた断層

地震でたおれないように補強した建物

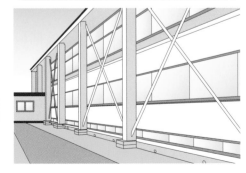

1 右の図は，火山の噴火のようすを表したものです。次の問いに答えましょう。

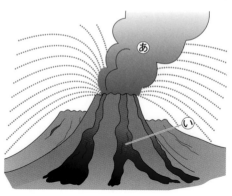

(1) 火山が噴火したとき，火口から㋐のような細かくて軽い岩石のつぶがふき出したり，㋑の液体のようなものが流れ出たりします。㋐，㋑をそれぞれ何といいますか。

㋐（　　　　　　　）

㋑（　　　　　　　）

(2) 図の㋐，㋑のうち，風によって広いはんいに運ばれるのはどちらですか。

（　　　　　　　）

(3) 火山の噴火によって起きることがあるものを，次のア～エからすべて選びましょう。　　（　　　　　　　）

ア　強い風がふき，雨が降る。

イ　新しい山ができる。

ウ　低い土地やうめ立地が液体のようになる。

エ　ふき出された㋑によって，海がうめられる。

(4) 火山は，私たちのくらしにめぐみをあたえてくれる場合もあります。火山によるめぐみを，次のア～エからすべて選びましょう。　（　　　　　　　）

ア　地熱発電　　　　イ　太陽光発電　　　ウ　海水よく場　　　エ　温泉

2 右の図は，地震によって大地が変化したようすや，地震によって起きる災害のようすを表したものです。次の問いに答えましょう。

 ㋐

㋑

(1) ㋐のような大地のずれのことを何といいますか。　（　　　　　　　）

(2) ㋑のように地面が割れたようになることを何といいますか。

（　　　　　　　）

(3) 海底の地下で地震が起きると，広いはんいに大きな波がおしよせることがあります。この波を何といいますか。　（　　　　　　　）

13 火山や地震と大地の変化

答え▶19ページ

・・・・・・★★★ ハイ レベル ・・・・・・ マスターしよう

① 理科クラブの活動をしているときに，地震が起こりました。次の文は，この地震についての先生と生徒の会話です。あとの問いに答えましょう。

たいが	先ほど，少しゆれましたね。
先生	そうですね。地震でゆれるのは，地下に大きな力がはたらき，　あ　というずれができるときなどに起こるんですよ。
ゆきの	なるほど。でも，小さな地震でよかったです。
先生	大きな地震が起こるときには，　い　という情報が流れるときがありますね。
ゆきの	たしか，　い　は，スマートフォンやテレビなどで知らせてくれますね。
たいが	そうだね。　い　は聞きなれない音がするから，びっくりしちゃうよ。
ゆきの	そういえば，おばあちゃんが，「この地域は海に近い場所だから大きな地震が起こったときは，気をつけなさい。」と言っていました。
先生	大切なお話ですね。そのときに起こる災害とは何だと思いますか。
たいが	う　だと思います。　う　が起こるときにはどうしたらいいのだろう？
ゆきの	おばあちゃんが，「右の写真のような通路を使って，　え　にひ難するのがいいよ。」と言っていました。
先生	それはいい方法ですね。では，ひ難する経路を確認しておきましょう。

(1) 文章中のあにあてはまる言葉を答えましょう。　（　　　　　　　）

(2) 文章中のい，うにあてはまる言葉を，次のア〜オからそれぞれ選びましょう。

　　い（　　　　　）　う（　　　　　）

　ア　台風　　　　　　　　イ　津波　　　　　　　ウ　火事
　エ　ハザードマップ　　　オ　きん急地震速報

(3) 文章中のえにあてはまる言葉を答えましょう。

　（　　　　　　　　　　　　　　　）

 思考力アップ

うが起こったときにどのような場所へひ難すればよいかを，写真を見ながら考えよう。

❷ 図1は，火山の噴火のようすを表したものです。図2，3は，火山の噴火または地震によって起こったひ害のようすです。あとの問いに答えましょう。

図1

図2

図3

(1)　図1のように，火山が噴火すると火口から㋐が流れ出し，大地をおおうことがあります。㋐を何といいますか。　　　　　　　　（　　　　　　　　）

(2)　図2，3のうち，火山の噴火によって起こったひ害はどちらですか。
　　　　　　　　　　　　　　　　　　　　　　　　　　（　　　　　　　　）

(3)　次の文について，地震に関係することには 地 ，火山に関係することには 火 ，地震と火山のどちらにも関係しないことには×と書きましょう。

①（　　　　）海底がもち上げられ，陸地ができることがある。

②（　　　　）強い風を利用して発電をする。

③（　　　　）地下の熱を利用して発電をする。

④（　　　　）建物を補強することてひ害を減らすことができる。

🍵ホッとひといき

次の❶～❽の答えを，マス目の中に1文字ずつ書きましょう。マス目をうめたら，赤いワクの中の文字を選んで並べかえてできる，天体の名前を答えましょう。

❶植物が呼吸によって出す気体（横）。

❷火山の噴火でふき出すつぶ（縦）。

❸食べ物のもとをたどるといきつきます（縦）。

❹どろからできた岩石（横）。

❺池の水の中の小さな生き物（縦）。

❻すべての生き物が行うはたらき（横）。

❼日によって形が少しずつ変わって見えます（横）。

❽きん急○○○○○○○が流れたから，本だなからはなれよう（縦）。

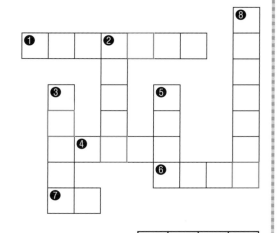

言葉 ⬚⬚⬚⬚

チャレンジテスト

1 下の図は，ある地域の標高（海面からの高さ）のちがうA，B，Cの３つの地点でボーリング調査を行った結果を図に表したものです。ボーリング試料を調べた結果，すべての地点で見られる火山灰の層はどれも同じ噴火により積もった層であることがわかっています。

また，この地域の地層は，曲がったりかたむいたりせず，すべて水平になっていることもわかっています。次の問いに答えましょう。

1つ10〔50点〕

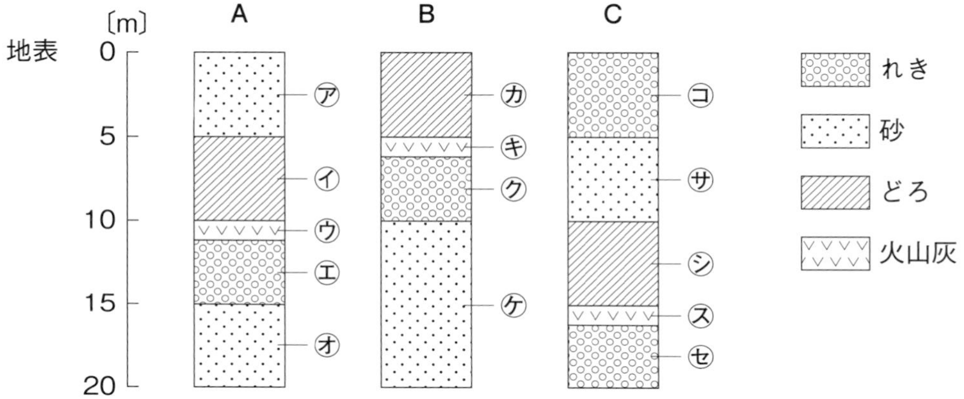

(1) 火山灰の層が，地表から見て最も深い位置にあるのは，A，B，Cのうちどの地点ですか。

（　　　）

(2) 火山灰のあとに積もったのは何ですか。次のア～ウのうちから選びましょう。

（　　　）

ア どろ　　イ 砂　　ウ れき

(3) A，B，Cのうち，地表の標高が最も高いのはどの地点ですか。

（　　　）

(4) ㋐～㋝の層の中で，最も新しい時代に積もった層はどれですか。

（　　　）

(5) C地点の㋙，㋚，㋛の層が積もる間，C地点の河口からの距離はしだいに遠くなりましたか。近くなりましたか。

（　　　　　）

得点　　　　点

2 **右の図のような，道の両側ががけになっている地層を調べました。次の問いに答えましょう。**

1つ5〔20点〕

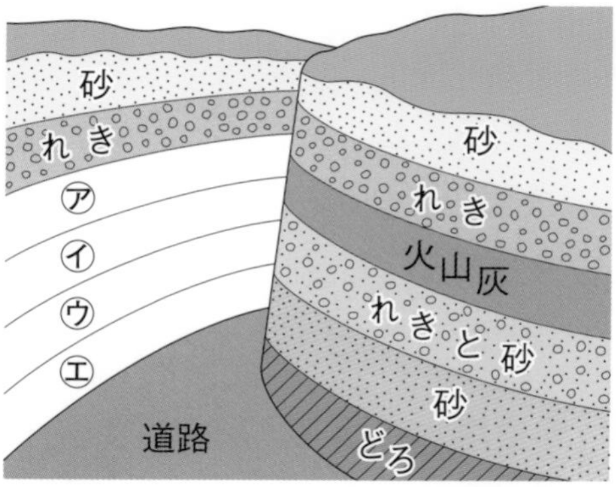

(1)　図の左側の地層のうち，火山灰の層，砂の層はどれですか。図の㋐～㋓から選びましょう。

火山灰の層（　　　　）

砂の層（　　　　）

(2)　図のどろの層からブナの葉のあとが見つかりました。このような生き物のあとを何といいますか。（　　　　　　）

(3)　ヒマラヤ山脈の地層からは，アンモナイトとよばれる海の生き物の(2)が見つかっています。このことからどのようなことがいえますか。

（　　　　　　　　　　　　　　　　　　）

3 **火山の噴火や地震による大地の変化について，次の問いに答えましょう。**

1つ6〔30点〕

図1

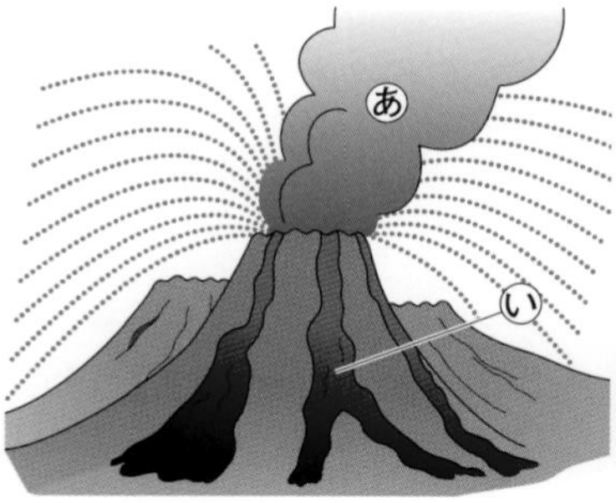

図2

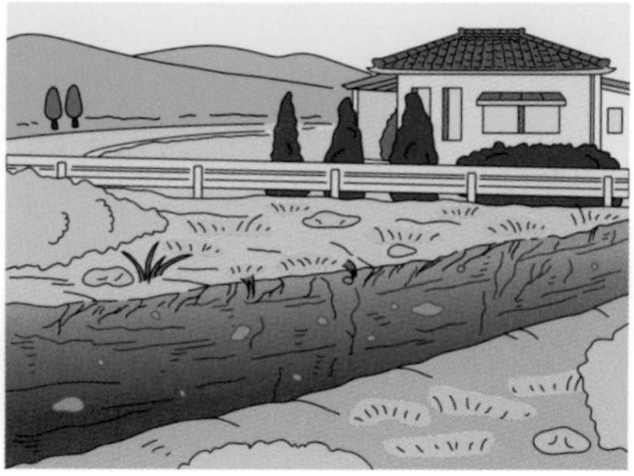

(1)　図１で，火山が噴火したとき，火口からふき出される[あ]の細かいつぶ，液体のように流れ出る[い]をそれぞれ何といいますか。

[あ]（　　　　　　）　[い]（　　　　　　）

(2)　図２は，地震のときに地表に現れた地面のずれです。これを何といいますか。

（　　　　　　）

(3)　次の**ア**～**エ**は，地震と火山について述べたものです。地震と火山に関係が深いものはどれですか。すべて選びましょう。

地震（　　　　　　）　火山（　　　　　　）

ア　規模が大きいときは，スマートフォンできん急に情報が伝えられる。

イ　地下の熱を利用した発電に利用されている。

ウ　細かいつぶが農作物をおおってしまうことがある。

エ　海底の土地が動いて海岸付近に大きな波がおしよせてくることがある。

7章 水よう液の性質

答え▶21ページ

14 水よう液にとけているもの

●水よう液にとけているもの

🧪実験　水よう液のちがいを調べる

●食塩水，うすい塩酸，炭酸水，アンモニア水，石灰水(せっかいすい)のちがいを調べよう！

❶水よう液のにおいを調べる。　　❷加熱して水を蒸発させる。

直接かいだり，深く吸いこんだりせずに，手であおぐようにしてかぐ。

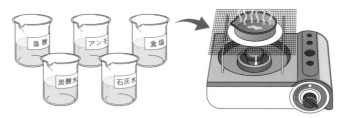

❗結果

水よう液	食塩水	うすい塩酸	炭酸水	アンモニア水	石灰水
❶におい	ない。	ある。	ない。	ある。	ない。
❷水を蒸発させる	白いものが残る。	何も残らない。	何も残らない。	何も残らない。	白いものが残る。
とけているもの	食塩	塩化水素	二酸化炭素	アンモニア	水酸化カルシウム

★考察　水を蒸発させたとき，ものが残る水よう液には固体がとけていて，何も残らない水よう液には気体がとけている。

●二酸化炭素の水へのとけ方

🧪実験　二酸化炭素は水にとけるかどうかを調べる

❶ペットボトルに水と二酸化炭素(にさんかたんそ)を入れてふる。　　❷液⑦を石灰水(せっかいすい)に入れる。

❗結果　❶ペットボトルはへこんだ。
❷石灰水(せっかいすい)が白くにごった。

★考察　二酸化炭素は水にとける。
⇒この水よう液は炭酸水。

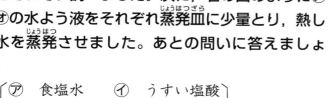

キーポイント

▶水を蒸発させたとき，ものが残る水よう液には固体がとけている。
▶二酸化炭素は水にとける。この水よう液が炭酸水である。

1 **次の㋐～㋔の水よう液を用意し，水よう液のにおいをそれぞれ調べました。次に，右の図のように㋐～㋔の水よう液をそれぞれ蒸発皿に少量とり，熱して水を蒸発させました。あとの問いに答えましょう。**

〔㋐　食塩水　　㋑　うすい塩酸
㋒　炭酸水　　㋓　石灰水
㋔　アンモニア水〕

(1)　㋐～㋔の水よう液のうち，においがあったのはどれですか。2つ選びましょう。
(　　　)(　　　)

(2)　㋐～㋔の水よう液のうち，熱して水を蒸発させたとき，蒸発皿に白いものが残るのはどれですか。2つ選びましょう。
(　　　)(　　　)

(3)　(2)で蒸発皿に白いものが残る水よう液には，何がとけていますか。
(　　　　　)

2 **図1のように，水で満たしたペットボトルに二酸化炭素を半分ぐらい入れて，ふたをしました。次の問いに答えましょう。**

図1　水で満たしたペットボトルに半分ほど二酸化炭素を入れる。

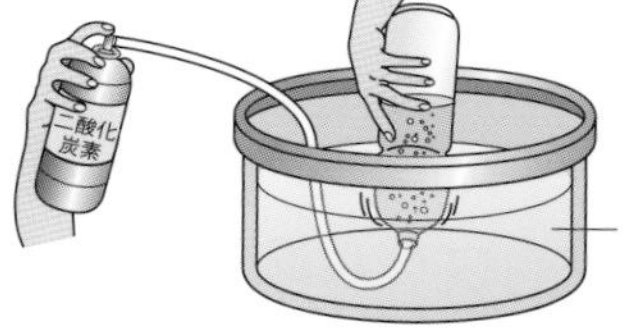

(1)　水と二酸化炭素を入れたペットボトルをよくふると，ペットボトルはどのようになりますか。
(　　　　　)

(2)　(1)のようになるのはなぜですか。次の**ア**～**ウ**から選びましょう。(　　　)

ア　二酸化炭素が水にとけたから。
イ　二酸化炭素が液体に変わったから。
ウ　水から二酸化炭素が出てきたから。

図2

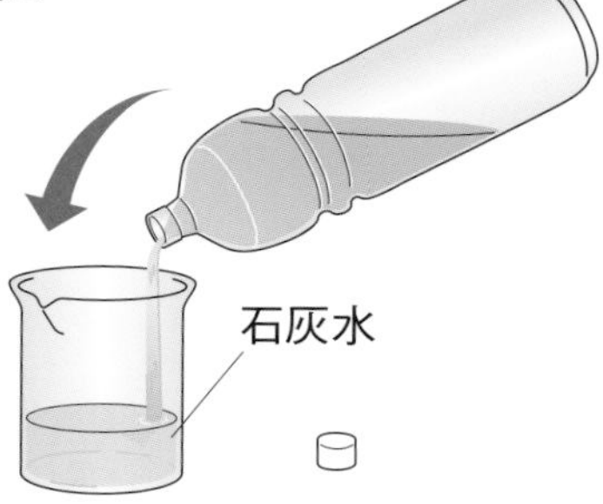

(3)　(1)でできたペットボトルの中の液を，図2のように石灰水に入れました。石灰水はどのようになりますか。
(　　　　　)

(4)　ペットボトルの中にできている水よう液は何ですか。
(　　　　　)

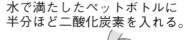

7章 水よう液の性質

14 水よう液にとけているもの

答え▶21ページ

━━━━━━━✦✦✦ **ハイ** レベル ━━━━━━━ マスター しよう

❶ 図1のように，5本の試験管に入れた食塩水，石灰水，アンモニア水，うすい塩酸，炭酸水のちがいを調べました。あとの問いに答えましょう。

図1
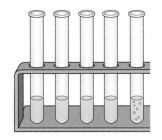

図2

(1) 水よう液を入れた試験管を見ると，あわの出ているものが1つありました。それはどの水よう液ですか。次の**ア～オ**から選びましょう。　　　（　　　　　）

　ア 食塩水　　　　　**イ** アンモニア水　　　**ウ** 石灰水
　エ うすい塩酸　　　**オ** 炭酸水

(2) 図2のように，水よう液を蒸発皿に少量とって熱し，水を蒸発させたとき，においがしたものが2つありました。それはどの水よう液ですか。(1)の**ア～オ**から2つ選びましょう。　　　　（　　　　　）（　　　　　）

(3) (2)で，水が蒸発したあと，蒸発皿に何も残らなかったものが3つありました。それはどの水よう液ですか。(1)の**ア～オ**から3つ選びましょう。
　　　　　　　　　　　　　　　　　　（　　　　　）（　　　　　）（　　　　　）

(4) (3)のとき，蒸発皿に何も残らなかった水よう液には何がとけていますか。次の**ア～ウ**から選びましょう。　　　　（　　　　　）

　ア 気体　　　**イ** 液体　　　**ウ** 固体

(5) 食塩水，アンモニア水，炭酸水には何がとけていますか。次の〔例〕を参考に，とけているものの名前を書きましょう。　〔**例**〕砂糖水→砂糖

　　　食塩水（　　　　　　　　　）　うすい塩酸（　　　　　　　　　）
　　　炭酸水（　　　　　　　　　）

(6) 水よう液を用いる実験について，正しいものに○，まちがっているものに×をつけましょう。

　①（　　　）水よう液を熱するときは，窓をあける。
　②（　　　）水よう液は試験管の口いっぱいまで入れるようにする。
　③（　　　）水よう液が手についたら，水でぬらしたハンカチでふく。
　④（　　　）水よう液のにおいは，試験管の口に鼻を近づけて，直接かぐ。
　⑤（　　　）水よう液をあつかうときは保護めがねをつける。

❷ 下の図のように，水で満たしたプラスチックの入れ物に二酸化炭素を半分ぐらい入れたあと，ふたをしてよくふりました。あとの問いに答えましょう。

プラスチックの入れ物

二酸化炭素

水

入れ物をよくふる。

(1) プラスチックの入れ物をよくふるとどのようになりますか。次のア～エから選びましょう。　　　　　　　　　　　　　　　　　　　　　　（　　　　　）

　ア　入れ物がふくらむ。　　　　イ　入れ物がへこむ。

　ウ　入れ物の中の液がかたまる。　　エ　入れ物の中の液が白くにごる。

(2) (1)のようになるのはなぜですか。

　（　　　　　　　　　　　　　　　　　　　　　　　　　　　　　　　　　）

(3) プラスチックの入れ物をよくふった後，ふたをとり，中に石灰水を入れました。このときのようすを，(1)のア～エから選びましょう。（　　　　　）

❸ 右の図のように，炭酸水から出てくる気体を集め，その気体の性質を調べました。次の問いに答えましょう。

(1) 炭酸水からたくさん気体が出るようにするにはどうすればよいですか。次のア～エから2つ選びましょう。　　　　（　　　）（　　　）

　ア　容器をよくふる。

　イ　容器を動かさないようにする。

　ウ　容器を手であたためる。

　エ　容器を冷蔵庫に入れて冷やす。

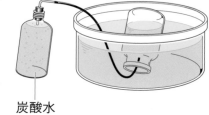

炭酸水

💡 思考力アップ

サイダーなどの炭酸飲料水は，どんなときに気体が出てきたか，思い出そう。

(2) 炭酸水から出てきた気体には，においはありますか。　　（　　　　　　　）

(3) 炭酸水から出てきた気体を集めたびんに火のついた線こうを入れると，線こうの火はどうなりますか。　　　　　　　　　　　　　（　　　　　　　　）

(4) 炭酸水から出てきた気体が何であるかを調べるときに用いる薬品として適するものを，次のア～ウから選びましょう。　　　　　　　　　（　　　　　　）

　ア　エタノール　　　イ　ヨウ素液　　　ウ　石灰水

15 水よう液の性質

 標準 レベル  トライ しよう

●水よう液の性質

調べるもの	水よう液の性質		
	酸性	中性	アルカリ性
青色リトマス紙	赤色になる。	変化しない。	変化しない。
赤色リトマス紙	変化しない。	変化しない。	青色になる。
BTBよう液	黄色になる。	緑色になる。	青色になる。

🧪 実験 リトマス紙で水よう液の性質を調べる

●ガラス棒でそれぞれの水よう液をリトマス紙につけ，色の変化を観察しよう！

リトマス紙は
ピンセットで
あつかう。

調べる水よう液をガラ
ス棒を使ってつける。

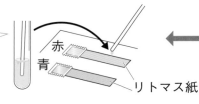

赤
青
リトマス紙

使ったガラス棒
は，調べる液を
変えるときに水
で洗う。

⚠ 結果

水よう液	青色リトマス紙	赤色リトマス紙	水よう液の性質
うすい塩酸	赤色になった。	変化しない。	酸性
炭酸水	赤色になった。	変化しない。	酸性
食塩水	変化しない。	変化しない。	中性
石灰水	変化しない。	青色になった。	アルカリ性
アンモニア水	変化しない。	青色になった。	アルカリ性

★考察 水よう液は，リトマス紙によって，酸性，中性，アルカリ性の３つになかま分けできる。

1 リトマス紙について，次の問いに答えましょう。

(1) 水よう液は，リトマス紙につけたときの色の変化によって，中性と何性に分けることができますか。2つ書きましょう。

( ) ( )

(2) リトマス紙を持つときに何を使いますか。次の**ア**〜**エ**から選びましょう。

( )

ア スポイト **イ** ピンセット **ウ** ガラス棒 **エ** 手

(3) 水よう液をリトマス紙につけるときに何を使いますか。(2)の**ア**〜**エ**から選びましょう。 ( )

(4) (3)で使ったものは，次の水よう液の性質を調べるときにどのようにしますか。次の**ア**〜**ウ**から選びましょう。 ( )

ア 1回ごとにすてる。 **イ** 1回ごとに水で洗う。

ウ そのまま次の水よう液につける。

2 下の表は，水よう液の性質をリトマス紙の色の変化によって調べたものです。あとの問いに答えましょう。

リトマス紙の変化	赤色のリトマス紙だけが青く変化する。	どちらの色のリトマス紙も変化しない。	青色のリトマス紙だけが赤く変化する。
水よう液の性質	㋐	㋑	㋒
水よう液の例	㋓	㋔	㋕

(1) 表の㋐〜㋒にあてはまる水よう液の性質を書きましょう。

㋐( ) ㋑( )
㋒( )

(2) 表の㋓〜㋕にあてはまる水よう液の例としてあてはまるものを，次の**ア**〜**オ**からすべて選びましょう。

㋓( ) ㋔( ) ㋕( )

ア 炭酸水 **イ** アンモニア水 **ウ** 食塩水
エ うすい塩酸 **オ** 石灰水

7章 水よう液の性質
15 水よう液の性質

答え▶22ページ

✦✦✦ ハイ レベル ‥‥‥‥‥‥ マスターしよう

❶ 理科クラブのメンバーは，夏休みの自由研究で，水よう液の性質について調べることにしました。次の文は，自由研究について話し合った会話の一部です。あとの問いに答えましょう。

> **はるき**　先生からリトマス紙を分けてもらったから，自由研究は水よう液の性質を調べてみようよ。
>
> **だいち**　いいね。では，家にある「す」，「石けん水」，「砂糖水」の性質を調べてみよう。
>
>
>
> **そら**　まず，これらの水よう液を用意して，ガラス棒でリトマス紙に水よう液をつけていくよ。
>
> **はるき**　水よう液をリトマス紙につけるときに，注意することがあったね。
>
> **そら**　正確な結果が得られるように，水よう液をつけたガラス棒は，次の水よう液をつける前に，　　　㋐　　　という操作が必要だったね。
>
> **だいち**　そうだね。では，実験をしてみるよ。
>
> **はるき**　すは青色のリトマス紙の色が変わって，石けん水は赤色のリトマス紙の色が変わったね。
>
> **だいち**　でも，砂糖水ではどちらのリトマス紙の色も変わらなかったよ。
>
> **そら**　ということは，BTBよう液をそれぞれの水よう液に入れると，すのときは　㋑　色に，石けん水のときは　㋒　色に，砂糖水のときは　㋓　色になると考えられるね。
>
> **はるき**　ほかにも，いろいろな水よう液の性質を調べて，自由研究のレポートをまとめていこう。

(1) 文章中の㋐にあてはまる内容を答えましょう。

（　　　　　　　　　　　　　　　　　　　　　　　　　　　）

(2) 下線部から，す，石けん水，砂糖水は何性だと考えられますか。

す（　　　　　　　　　）　石けん水（　　　　　　　　　）

砂糖水（　　　　　　　　　）

(3) 文章中の㋑〜㋓にあてはまる言葉を書きましょう。

㋑（　　　　　　　）　㋒（　　　　　　　）　㋓（　　　　　　　）

2 右の図のように，うすい塩
酸，炭酸水，アンモニア水，
食塩水，石灰水の入った㋐〜
㋔の試験管があります。次の
問いに答えましょう。

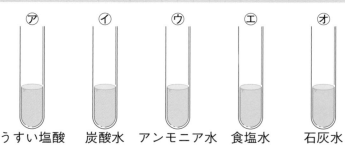

うすい塩酸　炭酸水　アンモニア水　食塩水　石灰水

(1) リトマス紙の使い方について，正しく述べたものを，次の**ア〜ウ**から選びま
しょう。　　　　　　　　　　　　　　　　　　　　　　　　　　（　　　　　）

　ア　リトマス紙は，手でさわらずに，ピンセットであつかう。

　イ　リトマス紙の上に，試験管から直接水よう液をたらす。

　ウ　リトマス紙の色の変化がよくわかるように，保護めがねはかけない。

(2) 青色リトマス紙を赤色に変える水よう液を，図の㋐〜㋔からすべて選びましょ
う。　　　　　　　　　　　　　　　　　　　　　　　　　　　　（　　　　　）

(3) (2)のような水よう液の性質を何といいますか。　（　　　　　）

(4) 青色リトマス紙と赤色リトマス紙のどちらの色も変えない水よう液を，図の㋐
〜㋔から選びましょう。　　　　　　　　　　　　　　　　　　　（　　　　　）

(5) (4)のような水よう液の性質を何といいますか。　（　　　　　）

(6) BTBよう液を入れると，青色になる水よう液を，図の㋐〜㋔からすべて選び
ましょう。　　　　　　　　　　　　　　　　　　　　　　　　　（　　　　　）

(7) (6)のような水よう液の性質を何といいますか。　（　　　　　）

🏠 中学へのステップアップ

水よう液が酸性・中性・アルカリ性のどの性質で，どのぐらいの強さであるかを示す値をpHと
いいます。
pHの値が7のときは中性です。pHの値が7より小さいときは酸性で，その値が小さいほど強
い酸性です。また，pHの値が7より大きいときはアルカリ性で，その値が大きいほど強いア
ルカリ性です。

身のまわりのおもな液体のpH

7章 水よう液の性質

答え▶23ページ

16 金属と水よう液

標準 レベル ・・・・・・・・・・・・・・・・・ トライ しよう

●水よう液と金属の反応

実験　金属に酸性の水よう液を注いだときの反応を調べる

アルミニウムと鉄にうすい塩酸や炭酸水を注ぐ。

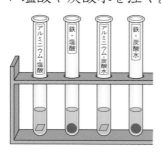

❗結果

水よう液	アルミニウム	鉄
うすい塩酸	あわを出してとけた。	あわを出してとけた。
炭酸水	変化がない。	変化がない。

★考察　酸性(さんせい)の水よう液には，気体を発生させて，金属をとかすものがある。

●金属がとけた水よう液からとり出したもの

実験　金属がとけた水よう液からとり出したものの性質を調べる

❶うすい塩酸にアルミニウムがとけた液を加熱して水を蒸発(じょうはつ)させる。

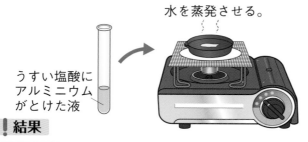

水を蒸発させる。

うすい塩酸にアルミニウムがとけた液

❷アルミニウムや❶で出てきた固体にうすい塩酸や水を注ぐ。

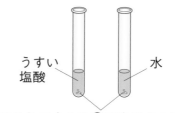

うすい塩酸　　　　水

アルミニウムや❶で出てきた固体

❗結果

	見た目	うすい塩酸を注ぐ	水を注ぐ
アルミニウム	銀色	あわを出してとけた。	とけない。
出てきた固体	白色	あわを出さずにとけた。	あわを出さずにとけた。

★考察　●うすい塩酸にアルミニウムがとけた液から水を蒸発(じょうはつ)させて出てきた固体は，もとのアルミニウムとちがう性質がある。

●水よう液には，金属を別のものに変えるものがある。

キーポイント

▶酸性の水よう液には，アルミニウムや鉄などの金属をとかすものがある。
▶水よう液には，金属を別のものに変えるものがある。

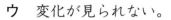

1 **右の図のように，鉄とアルミニウムにうすい塩酸をそれぞれ注ぎました。あとの問いに答えましょう。**

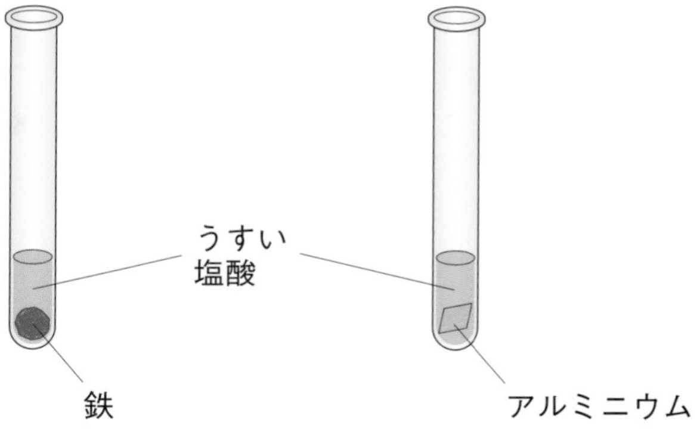

(1) 図のとき，鉄とアルミニウムはどのようになりますか。次の**ア**～**ウ**から選びましょう。

鉄（　　　　）

アルミニウム（　　　　）

ア　あわを出さないでとける。　**イ**　あわを出してとける。

ウ　変化が見られない。

(2) うすい塩酸には，鉄とアルミニウムをとかすはたらきがありますか。

鉄（　　　　）　アルミニウム（　　　　）

2 **うすい塩酸にアルミニウムがとけた液を，右の図のように加熱して水を蒸発させました。このときに蒸発皿に残った固体㋐とアルミニウムの性質を調べました。次の問いに答えましょう。**

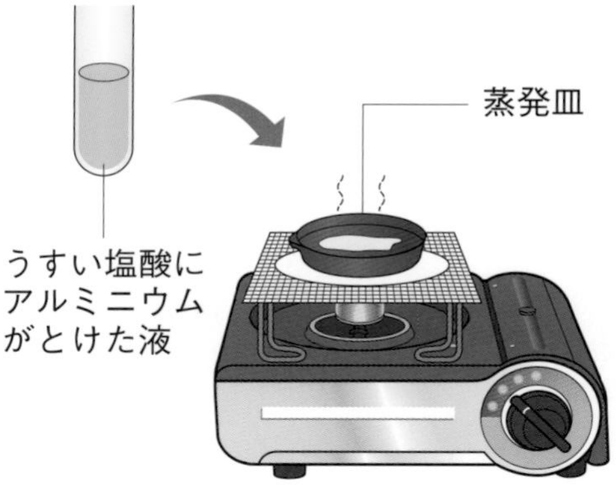

(1) 固体㋐とアルミニウムは何色をしていますか。次の**ア**～**エ**から選びましょう。

固体㋐（　　　　）

アルミニウム（　　　　）

ア　白色　**イ**　黒色　**ウ**　銀色　**エ**　金色

(2) 固体㋐とアルミニウムは，水にとけますか。

固体㋐（　　　　）　アルミニウム（　　　　）

(3) 固体㋐にうすい塩酸を注ぐとどのようになりますか。次の**ア**～**ウ**から選びましょう。（　　　　）

ア　あわを出してとける。　**イ**　あわを出さないでとける。

ウ　変化が見られない。

(4) 固体㋐はどのようなものですか。次の**ア**，**イ**から選びましょう。（　　　　）

ア　アルミニウムと同じもの　**イ**　アルミニウムとは別のもの

答え▶23ページ

ハイ レベル ･･･････････････ マスターしよう

❶ 下の図のように，鉄とアルミニウムに炭酸水やうすい塩酸を注ぎました。あとの問いに答えましょう。

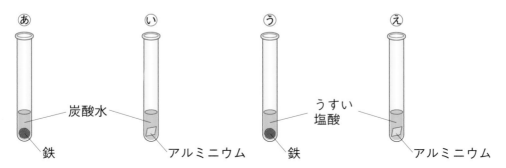

(1) 炭酸水，うすい塩酸は，酸性・中性・アルカリ性のうちのどの性質ですか。

　　　　　炭酸水（　　　　　　　　　　）　うすい塩酸（　　　　　　　　　　）

(2) 図のあ〜えのように，鉄やアルミニウムに炭酸水やうすい塩酸を注いだとき，鉄とアルミニウムはどのようになりますか。次のア〜ウから選びましょう。

　　　　あ（　　　　　）　い（　　　　　）　う（　　　　　）　え（　　　　　）

　ア　あわを出してとける。　　　イ　あわを出さないでとける。

　ウ　変化が見られない。

(3) 炭酸水とうすい塩酸には，それぞれ鉄をとかすはたらきがありますか。

　　　　　炭酸水（　　　　　　　　　　）　うすい塩酸（　　　　　　　　　　）

(4) 炭酸水とうすい塩酸には，それぞれアルミニウムをとかすはたらきがありますか。　炭酸水（　　　　　　　　　　）　うすい塩酸（　　　　　　　　　　）

ちょこっと サイエンス

　雨はもともと二酸化炭素がとけて弱い酸性になっていますが，石油や石炭などの化石燃料を燃やしたときに発生する気体が雨にとけると，強い酸性を示す酸性雨になります。

　酸性の水よう液には，金属をとかす性質があるので，酸性雨がふると，右の写真のように野外にある金属がとけてしまいます。

酸性雨によって金属がとけた像

　また，酸性雨が森林にふると，木などの植物がかれてしまい，湖などに流れこむと，水が酸性となり，湖にすんでいる生物が死んでしまうことがあります。

❷ アルミニウムと鉄を用いて，次の実験１，２を行いました。

実験１　図１のように，アルミニウムにうすい塩酸を注いでとかした。次に，とかした液から水を蒸発させ，出てきた固体㋐を得た。固体㋐の色を観察したところ，（　Ⓐ　）色をしていた。

実験２　図２のように，鉄にうすい塩酸を注いでとかした。次に，とかした液から水を蒸発させ，出てきた固体㋑を得た。固体㋑の色を観察したところ，うすい黄色をしていた。

図１

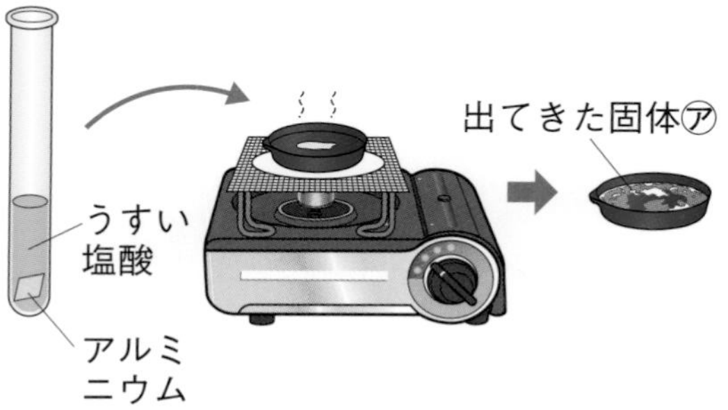

図２

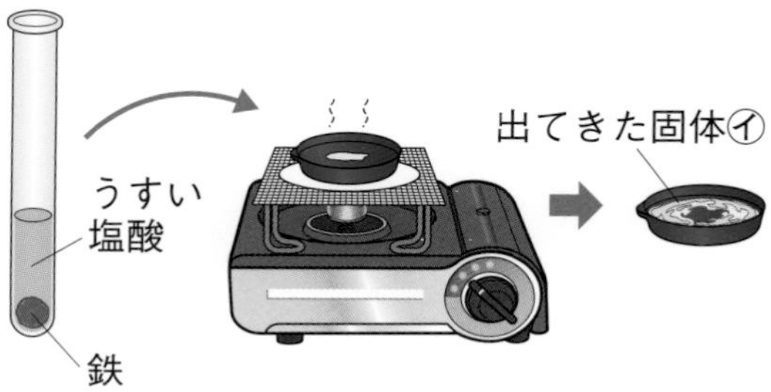

(1)　実験１について，次の問いに答えましょう。

①　（　Ⓐ　）にあてはまる言葉を，漢字１字で答えましょう。

（　　　　　　）

②　固体㋐にうすい塩酸を注ぐと，どのようになりますか。「あわ」という言葉を用いて答えましょう。（　　　　　　）

③　アルミニウムと固体㋐に水を注ぎました。それぞれ水にとけましたか。

アルミニウム（　　　　　　）　固体㋐（　　　　　　）

④　アルミニウムと固体㋐は，同じものですか，別のものですか。

（　　　　　　）

(2)　実験２について，次の問いに答えましょう。

①　鉄と固体㋑の色は同じですか，ちがいますか。（　　　　　　）

②　鉄と固体㋑にそれぞれうすい塩酸を注ぐと，一方はあわを出してとけ，もう一方はあわを出さずにとけました。あわを出さずにとけたのは，鉄，固体㋑のどちらですか。（　　　　　　）

③　鉄と固体㋑は，同じものですか，別のものですか。

（　　　　　　）

(3)　これらの実験から，うすい塩酸には，アルミニウムや鉄などの金属をどのようにするはたらきがあることがわかりますか。

（　　　　　　　　　　　　　　）

7章 水よう液の性質

時間 30分　答え▶24ページ

1 水を半分ほど入れたペットボトルに，右の図のように二酸化炭素を入れたあと，ふたをしてよくふりました。あとの問いに答えましょう。

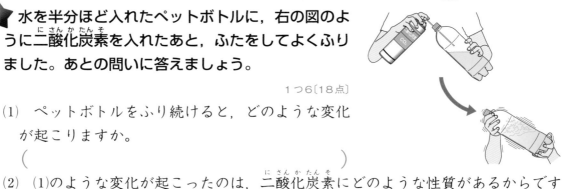

1つ6〔18点〕

(1) ペットボトルをふり続けると，どのような変化が起こりますか。

（　　　　　　　　　　　　　　　　　）

(2) (1)のような変化が起こったのは，二酸化炭素にどのような性質があるからですか。

（　　　　　　　　　　　　　　　　　　　　）

(3) よくふったあとのペットボトルの中に石灰水を入れました。このとき，どのようになりますか。　　　（　　　　　　　　　　　　　　　　）

2 図1のように鉄にうすい塩酸を注ぎ，鉄をとかしました。次に，うすい塩酸に鉄がとけた液を蒸発皿に少量とり，図2のように熱して水を蒸発させたところ，蒸発皿に固体㋐が残りました。あとの問いに答えましょう。

1つ7〔28点〕

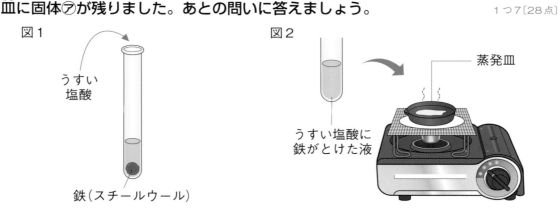

図1

うすい
塩酸

鉄（スチールウール）

図2

蒸発皿

うすい塩酸に
鉄がとけた液

(1) 図1で鉄にうすい塩酸を注いだとき，鉄はどのようにとけましたか。

（　　　　　　　　　　　　　　　　　　　）

(2) 図2で蒸発皿に残った固体㋐と鉄に水を注ぎました。それぞれ水にとけましたか。　　　固体㋐（　　　　　　　　　）　鉄（　　　　　　　）

(3) うすい塩酸には，鉄をどのようにするはたらきがあることがわかりますか。

（　　　　　　　　　　　　　　　　　　　）

得点　　　　点

3 **図1のような5つのビーカーに，食塩水，アンモニア水，うすい塩酸，炭酸水，石灰水（せっかいすい）が入っています。どのビーカーに何が入っているかはわかりません。これらの水よう液について，次のような実験を行いました。あとの問いに答えましょう。**

1つ6〔54点〕

図1

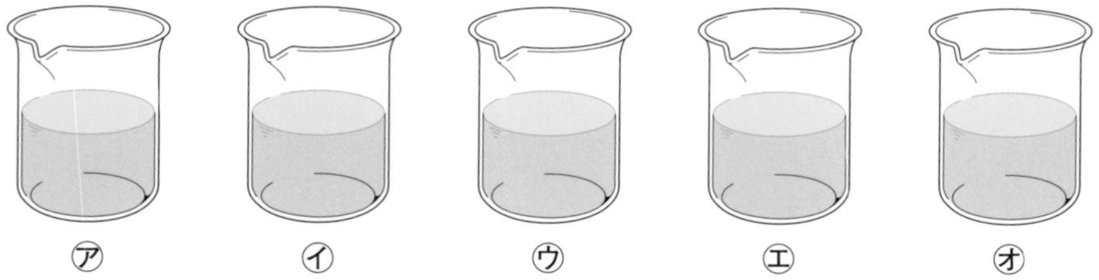

実験1　図2のように，蒸発皿（じょうはつざら）に少量とり，熱して水を蒸発させると，㋐と㋓は白いものが残った。

図2

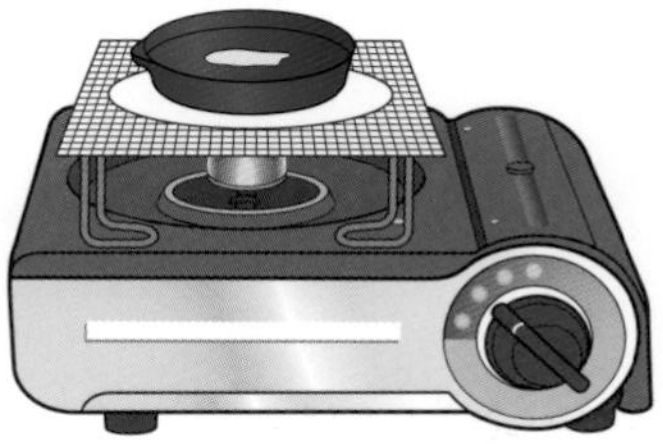

実験2　㋑と㋔では，特有のにおいがした。

実験3　ストローで息をふきこむと，㋐は白くにごった。

実験4　青色のリトマス紙につけると，㋒と㋔は赤色に変わった。

実験5　赤色のリトマス紙につけると，㋐と㋑は青色に変わった。

(1)　実験2で，水よう液のにおいはどのようにかぎますか。次の**ア**～**ウ**から選びましょう。　（　　　）

ア　ビーカーの上部に鼻を近づけて，直接かぐ。

イ　ビーカーの上部を手であおぐようにしてかぐ。

ウ　水よう液にガラス棒（ぼう）をつけ，ガラス棒についた液のにおいをかぐ。

(2)　固体がとけている水よう液はどれですか。㋐～㋔からすべて選びましょう。

（　　　　　　　　　）

(3)　実験4で，青色リトマス紙を赤色に変えた㋒と㋔の水よう液は何性ですか。

（　　　　　　　　　）

(4)　実験5で，赤色リトマス紙を青色に変えた㋐と㋑の水よう液を少量とり，BTBよう液を加えると，液は何色になりますか。次の**ア**～**ウ**から選びましょう。

（　　　）

ア　黄色　　**イ**　青色　　**ウ**　緑色

(5)　㋐～㋔の水よう液はそれぞれ何ですか。

㋐（　　　　　　　　　）　㋑（　　　　　　　　　）

㋒（　　　　　　　　　）　㋓（　　　　　　　　　）

㋔（　　　　　　　　　）

8章 てこの規則性

答え ▶ 25ページ

17 てこのはたらき，てこを使った道具

標準 レベル　トライしよう

●てこのはたらき

●てこ　棒の1点を支えとし，棒の一部に力を加えてものを持ち上げるもの。てこを支える位置を**支点**，てこに力を加える位置を**力点**，ものに力がはたらく位置を**作用点**という。

実験　てこの3つの点の位置を変えたときの手ごたえを調べる

① 力点の位置を変える

支点
支点から力点までのきょり
作用点
力点
おもり

② 作用点の位置を変える

支点
支点から作用点までのきょり
作用点
力点
おもり

③ 支点の位置を変える

支点
作用点
力点
おもり

!結果
支点から力点までのきょりが長いほど手ごたえが小さい。｜支点から作用点までのきょりが短いほど手ごたえが小さい。｜支点から力点までのきょりが長いほど手ごたえが小さい。

★考察　支点から力点までのきょりが長く，支点から作用点までのきょりが短いほど，小さな力でものを持ち上げられる。

●てこを使った道具

❶支点が作用点と力点の間にあるてこ
支点から力点までのきょりが，支点から作用点までのきょりより長いとき，作用点にはたらく力は，力点に加える力より大きい。

❷作用点が支点と力点の間にあるてこ
支点から力点までのきょりが，支点から作用点までのきょりより長いので，作用点にはたらく力は，力点に加える力より大きい。

❸力点が支点と作用点の間にあるてこ
支点から力点までのきょりが，支点から作用点までのきょりより短いので，作用点にはたらく力は，力点に加える力より小さい。

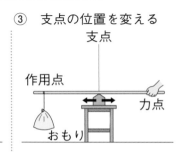

❶
支点
力点
作用点
作用点
支点
力点
はさみ

❷
支点
力点
作用点
支点
作用点
力点
せんぬき

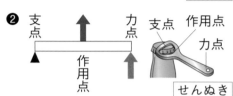

❸
作用点
支点
力点
支点
作用点
力点
ピンセット

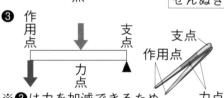

※❸は力を加減できるため，細かい作業をしやすい。

1 右の図のように，棒の一
方のはしにおもりをつり下
げ，もう一方のはしに力を
加えて，おもりを持ち上げ
ました。あとの問いに答え
ましょう。

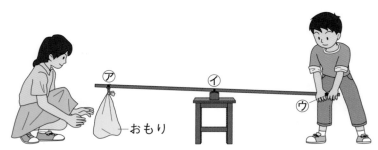

(1) 図のようにものを持ち上げるものを何といいますか。（　　　　　　　　　）

(2) 次の①〜③の位置を表しているのは，図の㋐〜㋒のどれですか。また，その位
置の名前を書きましょう。

① 棒を支える位置　　　　記号（　　　　　）名前（　　　　　　　　）

② 力を加える位置　　　　記号（　　　　　）名前（　　　　　　　　）

③ 力がはたらく位置　　　記号（　　　　　）名前（　　　　　　　　）

2 図1，2のように，作用点を支点に近づけたり，力点を支点に近づけたりしたと
きの手ごたえのちがいを調べました。あとの問いに答えましょう。

図1　　　　　　　　　　　　　　　　　　　　図2

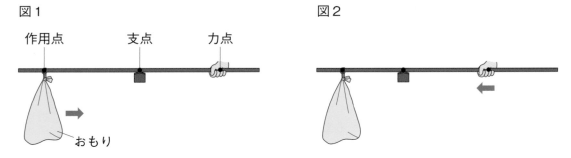

(1) 図1で変えない条件は何ですか。次のア〜ウから2つ選びましょう。
（　　　　　）（　　　　　）

ア 作用点の位置　　イ 支点の位置　　ウ 力点の位置

(2) 図1で作用点を支点に近づけると，手ごたえはどのようになりますか。
（　　　　　　　　　　　）

(3) 図2で変えない条件は何ですか。(1)のア〜ウから2つ選びましょう。
（　　　　　）（　　　　　）

(4) 図2で力点を支点に近づけると，手ごたえはどのようになりますか。
（　　　　　　　　　　　）

8章 てこの規則性

17 てこのはたらき，てこを使った道具

答え▶25ページ

ハイ レベル　　　　マスターしよう

1 右の図のように，長い棒のは
しにおもりをつるし，㋐〜㋒の
位置を変えたときに，手ごたえ
がどのように変わるかについて
調べました。次の問いに答えま
しょう。

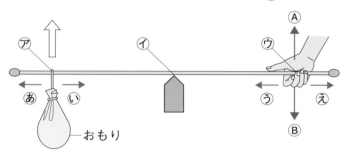

(1) てこの3つの点のうち，次の①〜③にあてはまるものを何といいますか。ま
た，図のおもりを上げるときの棒において，①〜③にあたる位置を，図の㋐〜㋒
から選びましょう。

① てこに力を加えている位置

　　　　　　　　名前（　　　　　　　　　） 記号（　　　　　）

② てこを支えている位置

　　　　　　　　名前（　　　　　　　　　） 記号（　　　　　）

③ おもりに力がはたらいている位置

　　　　　　　　名前（　　　　　　　　　） 記号（　　　　　）

(2) 図の矢印の向き（⬆）におもりを上げるとき，手は Ⓐ，Ⓑ のどちらの向きに
動かせばよいですか。　　　　　　　　　　　　　　　　　　　（　　　　　）

(3) 図の㋐の位置を変えたときに，手ごたえがどのように変わるかを調べる実験を
します。このとき，㋑，㋒の位置はそれぞれどのようにしますか。次のア〜エか
ら選びましょう。　　　　　　　　　　　　　　　　　　　　（　　　　　）

ア ㋑と㋒のどちらの位置も動かさない。

イ ㋑の位置は動かすが，㋒の位置は動かさない。

ウ ㋑の位置は動かさないが，㋒の位置は動かす。

エ ㋑と㋒のどちらの位置も動かす。

(4) 図のようなてこを使って，小さい力でおもりを上げるには，おもりの位置や手
の位置をどのように変化させればよいですか。次のア〜エから2つ選びましょ
う。　　　　　　　　　　　　　　　　　　　　（　　　　　）（　　　　　）

ア おもりを㋐の向きに動かす。

イ おもりを㋑の向きに動かす。

ウ 手の位置を㋒の向きに動かす。

エ 手の位置を㋒の向きに動かす。

❷ 右の図のような支点，力点，作用点の位置が異なる，3種類のてこについて，次の問いに答えましょう。

(1) 図の㋐のてこで，力点に力を加えたとき，作用点での力を小さくするには，支点の位置を，㋐，㋑のどちらに動かせばよいですか。

（　　　　　）

(2) 図の㋑のてこで，作用点に加わる力は，力点で加えた力より，大きくなりますか，小さくなりますか。

（　　　　　）

(3) 図の㋒のてこで，作用点に加わる力は，力点で加えた力より，大きくなりますか，小さくなりますか。

（　　　　　）

(4) てこの支点，力点，作用点の位置がくぎぬきと同じものを，図の㋐〜㋒から選びましょう。

（　　　　　）

㋐支点が力点と作用点の間にあるてこ

作用点　　支点　　力点
　　　　㋐　　㋑

㋑作用点が支点と力点の間にあるてこ

作用点　　　　力点
支点

㋒力点が支点と作用点の間にあるてこ

作用点　　力点
　　　　　　　支点

❸ 下の図の㋐〜㋒は，てこを使った道具です。あとの問いに答えましょう。

㋐ ペンチ　　　㋑ ピンセット　　　㋒ せんぬき

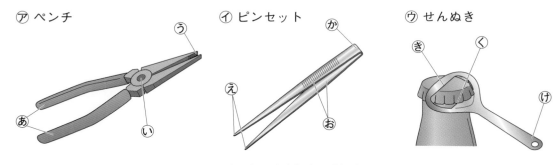

(1) 図の㋐〜㋒の㋐〜㋘の点は，支点，作用点，力点のうちのどれですか。

㋐（　　　　　）　㋑（　　　　　）　㋒（　　　　　）
㋓（　　　　　）　㋔（　　　　　）　㋕（　　　　　）
㋖（　　　　　）　㋗（　　　　　）　㋘（　　　　　）

(2) 力点に加えた力よりも大きな力を作用点に加えることができる道具は，図の㋐〜㋒のどれですか。すべて選びましょう。　　（　　　　　）

(3) 力を加減できるため，細かい作業をしやすい道具は，図の㋐〜㋒のどれですか。

（　　　　　）

85

18 てこのつり合い

標準レベル　トライしよう

●実験用てこのつり合いのきまり

🧪実験　実験用てこが水平につり合う条件を調べる

❶実験用てこの左のうでの目盛り②の位置におもり2個（20g）をつるす。

❷右のうでにおもりをつるし、てこが水平につり合うときのおもりの数（重さ）と支点からのきょりを調べる。

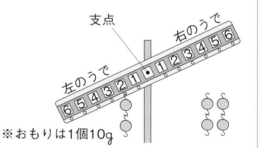

※おもりは1個10g

！結果

左のうで		右のうで	
おもりの数（重さ）	支点からのきょり	おもりの数（重さ）	支点からのきょり
2（20g）	2	1（10g）	4
		2（20g）	2
		4（40g）	1

おもりの数と支点からのきょりの積は、

左のうで　$2 \times 2 = 4$

右のうで $\begin{cases} 1 \times 4 = 4 \\ 2 \times 2 = 4 \\ 4 \times 1 = 4 \end{cases}$

> 左のうでと右のうでで同じ値になる。

★考察　左右のうでのおもりの数（重さ）と支点からのきょりの積は、てこをかたむけるはたらきを表していて、この積が左右のうでで等しいとき、てこが水平につり合う。

●てんびんと輪じく

- **てんびん**　てこでは、支点からのきょりが同じ位置に同じ重さのものをつるすと水平につり合う。このきまりを利用した道具をてんびんという。

- **上皿てんびん**　左右の皿は支点からのきょりが同じ位置にある。ものの重さをはかったり、水や粉をはかりとったりすることができる。

- **輪じく**　半径の異なる円板を組み合わせてつくった装置。輪じくのじくは実験用てこの支点と同じはたらきをする。

上皿てんびん

輪じく

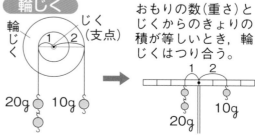

おもりの数（重さ）とじくからのきょりの積が等しいとき、輪じくはつり合う。

キーポイント

▶おもりの数（重さ）×支点(してん)からのきょりは，てこをかたむけるはたらきを表す。
▶左右のうでをかたむけるはたらきが等しいとき，てこが水平につり合う。

1 **右の図のように，実験用てこの左のうでの6の位置におもりを1個つるしました。次の問いに答えましょう。**

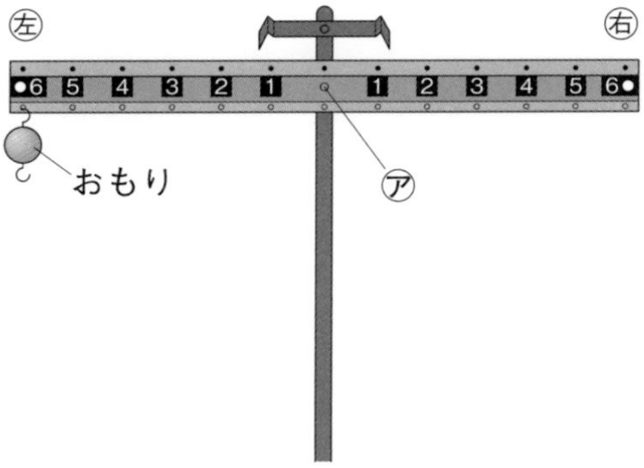

(1) 図の㋐の点を何といいますか。
（　　　　　）

(2) 実験用てこのうでをかたむけるはたらきを表している式を，次の**ア**～**ウ**から選びましょう。（　　　　）

ア　おもりの数＋㋐の点からのきょり

イ　おもりの数×㋐の点からのきょり

ウ　おもりの数÷㋐の点からのきょり

(3) 左のうでをかたむけるはたらきはいくらですか。(2)の式を用いて答えましょう。（　　　　　）

(4) 右のうでの4の位置に2個のおもりをつるしました。このとき，てこは左，右のどちらにかたむきますか。（　　　　　）

(5) 次の①～④のように，右のうでにおもりをつるすとき，それぞれ何個のおもりをつるすと，実験用てこが水平につり合いますか。

① 右のうでの1の位置（　　　　　）

② 右のうでの2の位置（　　　　　）

③ 右のうでの3の位置（　　　　　）

④ 右のうでの6の位置（　　　　　）

2 **右の図は，ものの重さをはかったり，水や粉をはかりとったりする道具です。次の問いに答えましょう。**

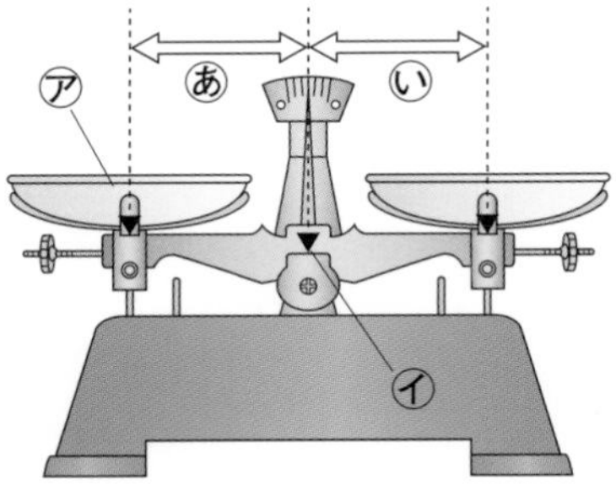

(1) 図の道具を何といいますか。
（　　　　　）

(2) 図の㋐，㋑の部分をそれぞれ何といいますか。

㋐（　　　　　）　㋑（　　　　　）

(3) 図の[あ]，[い]のきょりの関係を表した式を，次の**ア**～**ウ**から選びましょう。（　　　　）

ア　[あ]＞[い]　　**イ**　[あ]＝[い]　　**ウ**　[あ]＜[い]

学習した日　　月　　日

18 てこのつり合い

答え ▶ 26ページ

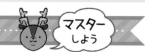

ハイレベル　マスターしよう

1 下の図のように，実験用てこにおもりをつるしました。あとの問いに答えましょう。

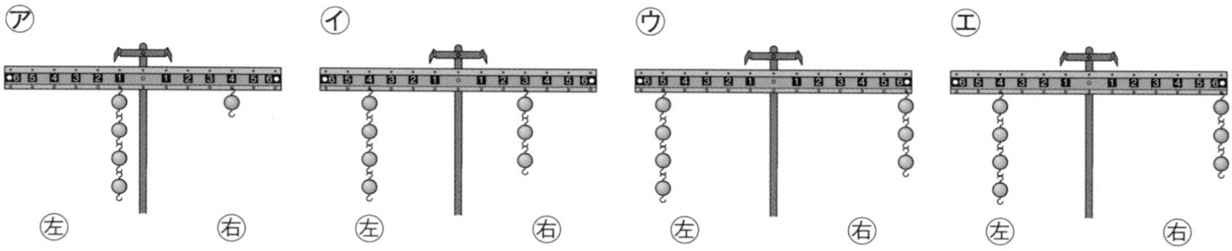

(1) 図の㋐～㋓のうち，てこを左にかたむけるはたらきが最も大きいものはどれですか。　　(　　)

(2) 図の㋐～㋓のてこについて，てこが右にかたむくときは 右 ，左にかたむくときは 左 ，水平につり合うときは○を書きましょう。

㋐(　　)　㋑(　　)　㋒(　　)　㋓(　　)

2 右の図のような実験用てこの左右のうでの1～6の位置に，いろいろな重さのおもりをつるしました。下の表の①～⑧は，てこが水平につり合うときのおもりの重さとおもりの位置を表しています。①～⑧にあてはまる数字を書きましょう。

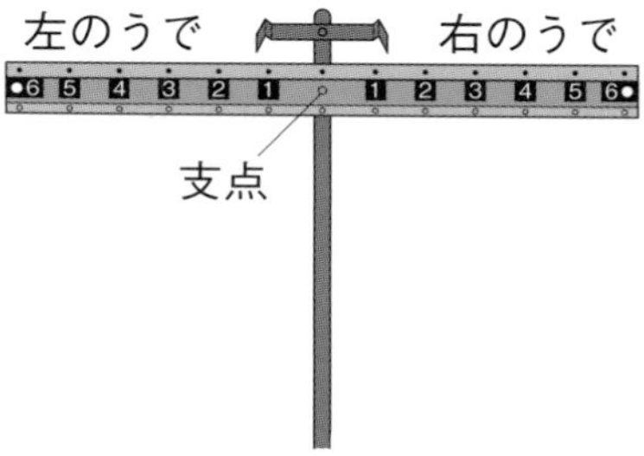

①(　　)　②(　　)　③(　　)
④(　　)　⑤(　　)　⑥(　　)
⑦(　　)　⑧(　　)

左のうで		右のうで	
おもりの重さ(g)	おもりの位置	おもりの重さ(g)	おもりの位置
(①)	1	30	4
(②)	2	30	4
30	(③)	45	4
60	(④)	45	4
25	6	(⑤)	3
25	6	(⑥)	5
50	4	40	(⑦)
75	5	125	(⑧)

❸ 右の図のように実験用てこの一方におもりを
つるし，もう一方を指でおさえてうでを水平に
しました。次の問いに答えましょう。

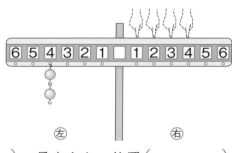

(1) 図の右のうでの1～4の位置を指でおさえ
　　たとき，手ごたえが最も大きい位置と，最も
　　小さい位置はどこですか。

最も大きい位置（　　　　　）　最も小さい位置（　　　　　）

(2) 図で，右のうでの1の位置におもりを何個つるすとつり合いますか。

（　　　　　　　）

(3) 図で，おもり2個をつるしてつり合わすためには，右のうでの1～6のどの位
　　置につるせばよいですか。　　　　　　　　　　　（　　　　　　　）

❹ 右の図のように，半径15cmの小さい円板と，半径30cm
の大きい円板からなる輪じくの小さい円板に2個のおもり
をつり下げました。次の問いに答えましょう。

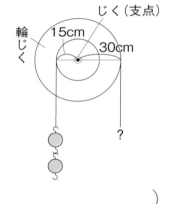

(1) 次の式は，輪じくを一方の向きに回すはたらきを表し
　　たものです。㋐にあてはまる記号（＋，－，×，÷）を
　　書きましょう。　　　　　　　　　　　　（　　　　　　　）

　　おもりの数（　㋐　）輪じくの半径
(2) 輪じくの大きい円板に何個のおもりをつるしたときに
　　輪じくはつり合いますか。　　　　　　　（　　　　　　　）

☕ホッとひといき

　　次の文の〇〇に入る言葉を，右のマス目から探しましょう。見つけた言葉は，線で
消し，残った文字を並べかえたときにできる道具の名前を答えましょう。

❶水よう液の性質には，中性と〇〇〇〇と〇〇〇〇〇
　〇があります。
❷炭酸水はBTBよう液を〇〇〇に変えます。
❸水よう液の〇〇〇は手であおいでかぎます。
❹てこで，ものに力がはたらく点を〇〇〇〇〇とい
　ます。
❺石灰水は〇〇色のリトマス紙の色を変えます。
❻うすい塩酸に鉄がとけた液から水を蒸発させて出てきたものは〇〇にとけます。

び	み	ず	ん	さ	に
さ	よ	う	て	ん	お
あ	る	か	り	せ	い
か	て	ん	き	い	ろ

チャレンジテスト

1 てこを利用した道具について，あとの問いに答えましょう。　1つ4〔24点〕

図1

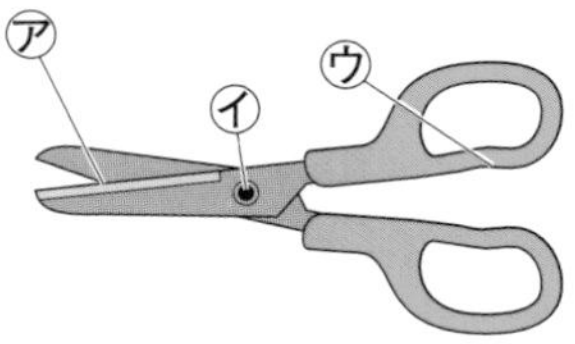

図2

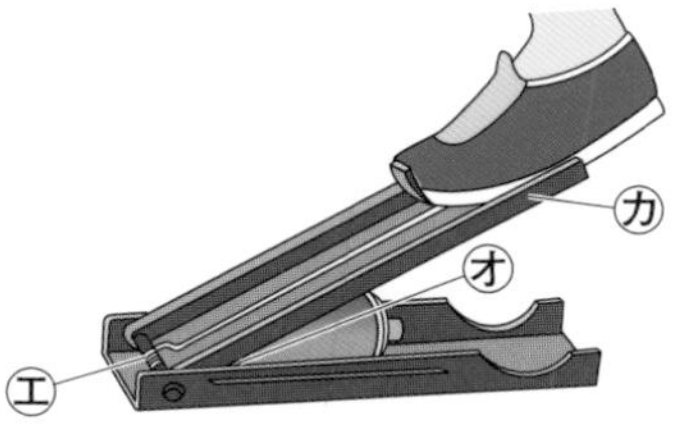

図3

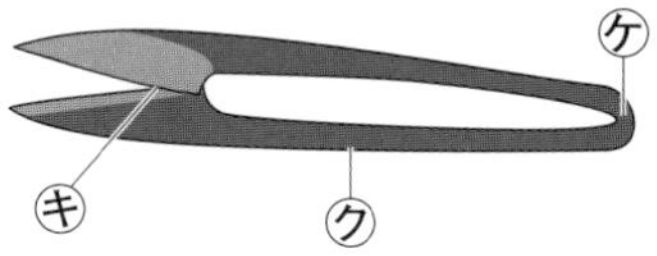

(1) 図1は，はさみを表しています。㋐～㋒の位置は，てこの3点のうちの何を表していますか。

㋐(　　　　)　㋑(　　　　)　㋒(　　　　)

(2) 図2は空きかんつぶし機，図3は糸切りばさみを表しています。図1の㋑にあたるのは，図2では㋓～㋕，図3では㋖～㋘のうちのどれですか。

図2(　　　　)　図3(　　　　)

(3) 力点(りきてん)に加えた力よりも作用点(さようてん)に加わる力が必ず小さくなる道具は，図1，図2，図3のどれですか。(　　　　)

2 右の図のような実験用てこの左のうでの3の位置に，1個10gのおもりを2個つるしました。右の表は，図の実験用てこが水平につり合うときのおもりの位置とおもりの重さをまとめたものです。次の問いに答えましょう。　1つ4〔24点〕

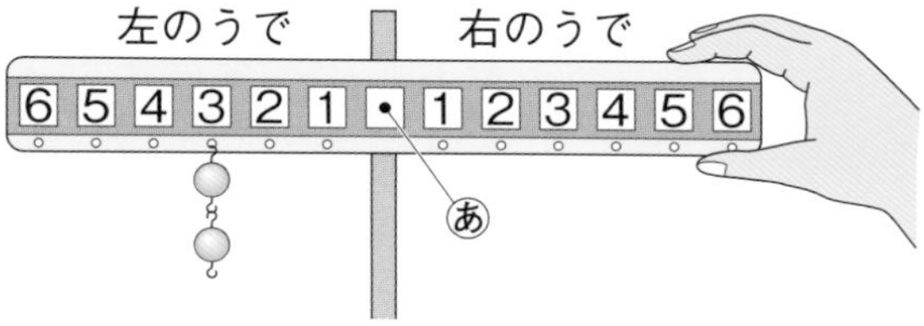

	左のうで	右のうで			
おもりの位置	3	1	㋑	3	6
おもりの重さ(g)	20	㋐	30	20	㋒

(1) 実験用てこのうでをかたむけるはたらきについて正しく表している式を，次のア～ウから選びましょう。(　　　　)

ア　おもりの重さ÷おもりの位置　　イ　おもりの重さ×おもりの位置

ウ　おもりの重さ＋おもりの位置

(2) 図のとき，実験用てこの左のうでをかたむけるはたらきはいくらですか。表の値を用いて答えましょう。(　　　　)

(3) 表の㋐～㋒にあてはまる数をそれぞれ書きましょう。

㋐(　　　　)　㋑(　　　　)　㋒(　　　　)

(4) 図の左のうでの3の位置につるした2個のおもりを，左のうでの4の位置に移動させました。右のうでの2の位置に1個10gのおもりをつるすとき，うでを水平につり合わせるには，何個のおもりをつるす必要がありますか。

（　　　　　　　　　）

⭐3 下の図1〜図4では，てこはすべて水平につり合っています。㋐，㋑にぶら下げるおもりの重さと，㋒，㋓でばねばかりでてこを引いたときの目盛りが示す重さを答えましょう。

1つ7〔28点〕

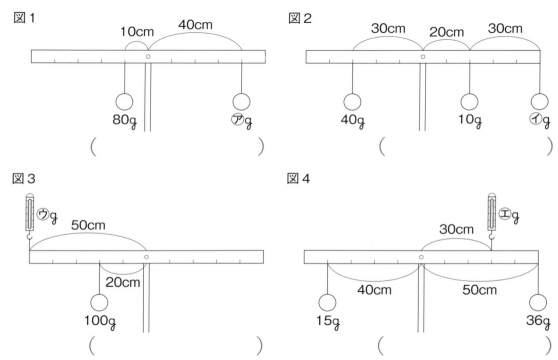

図1

10cm　40cm

80g　㋐g

（　　　　　　　　　）

図2

30cm　20cm　30cm

40g　10g　㋑g

（　　　　　　　　　）

図3

㋒g
50cm
20cm
100g

（　　　　　　　　　）

図4

㋓g
30cm
40cm　50cm
15g　36g

（　　　　　　　　　）

⭐4 右の図は，㋐〜㋔の棒と糸を使って作ったモビールというおもちゃを表しています。すべての棒が水平につり合うには，㋐，㋑に何gのおもりをぶら下げ，㋒の長さを何cmにすればよいですか。ただし，棒の重さは考えないものとします。

1つ8〔24点〕

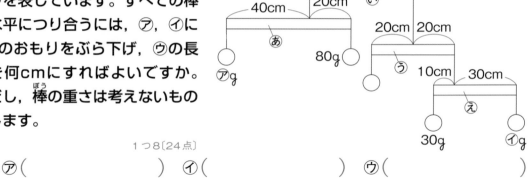

20cm　㋒cm
20cm　㋑
40cm
㋐　80g
20cm　20cm
㋒
10cm　30cm
㋓
30g　㋑g

㋐（　　　　　　）　㋑（　　　　　　）　㋒（　　　　　　）

答え▶28ページ

19 電気をつくる

標準レベル　トライしよう

●手回し発電機と光電池での発電

- **発電** 電気をつくること。
- **手回し発電機** ハンドルを回すと，内部のモーターのじくが回って発電する。
- **光電池** 日光や電灯などの光が当たると発電する。

実験 ▶ 手回し発電機で発電する

手回し発電機に豆電球やモーターをつなぎ，手回し発電機のハンドルを回す向きや速さを変えたときのようすを調べる。

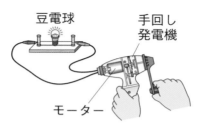

豆電球　手回し発電機　モーター　モーター

結果

	豆電球	モーター
①ハンドルをゆっくり時計回りに回す。	光った。	モーターが回った。
②ハンドルをゆっくり反時計回りに回す。	①と同じように光った。	①と同じ速さで，反対向きに回った。
③ハンドルを速く時計回りに回す。	①より明るく光った。	①より速く①と同じ向きに回った。

★考察

ハンドルを回す向きを反対にすると，逆向きの電流が流れ，ハンドルを速く回すと，大きな電流が流れる。

実験 ▶ 光電池で発電する

光電池にモーターをつなぎ，光電池をつなぐ向きや光の強さを変えたときのようすを調べる。

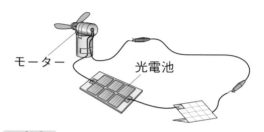

モーター　光電池

結果

①つなぐ向きを反対にする。	反対向きに回った。
②当たる光を強くする。	速く回った。
③当たる光を弱くする。	ゆっくり回った。

※光電池の一部を紙などでおおって光を当てると，流れる電流は小さくなり，すべてをおおうと電流は流れなくなる。

★考察

光電池のつなぎ方を反対にすると逆向きの電流が流れ，光電池に当てる光を強くすると，大きな電流が流れる。

1 右の図のように，手回し発電機を豆電球につなぎ，手回し発電機のハンドルを回したところ，豆電球が光りました。次の問いに答えましょう。

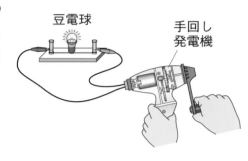

豆電球　手回し発電機

(1) 豆電球が光ったことから，手回し発電機のハンドルを回すと何ができることがわかりますか。（　　　　　）

(2) 手回し発電機などの道具によって，(1)をつくることを何といいますか。（　　　　　）

(3) 次の①，②のようにハンドルを回したとき，豆電球はどうなりますか。あとのア～ウから選びましょう。

　① 図のときより手回し発電機のハンドルをゆっくり回す。（　　）

　② 図のときより手回し発電機のハンドルを速く回す。（　　）

　ア 明るく光るようになる。

　イ 暗く光るようになる。

　ウ 明るさは変わらない。

(4) 手回し発電機のハンドルを回すのをやめると，豆電球はどうなりますか。（　　　　　）

2 右の図のように，1個の電灯で光電池に光を当てると，モーターが回りました。次の問いに答えましょう。

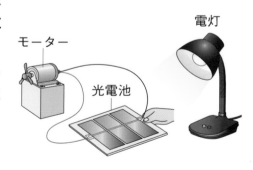

モーター　電灯　光電池

(1) 2個の電灯を使って光電池に光を当てると，モーターはどうなりますか。次のア～エから選びましょう。（　　）

　ア 1個の電灯で光を当てたときよりも速く回る。

　イ 1個の電灯で光を当てたときよりもゆっくりと回る。

　ウ 1個の電灯で光を当てたときとは逆向きに回る。

　エ モーターが止まる。

(2) 図の光電池の上に大きな厚紙をのせてすべてをおおいました。このとき，モーターはどうなりますか。(1)のア～エから選びましょう。（　　）

19 電気をつくる

答え▶28ページ

ハイレベル

マスターしよう

1 右の図のように，手回し発電機を豆電球につなぎ，一定の速さでハンドルを回しました。次の問いに答えましょう。

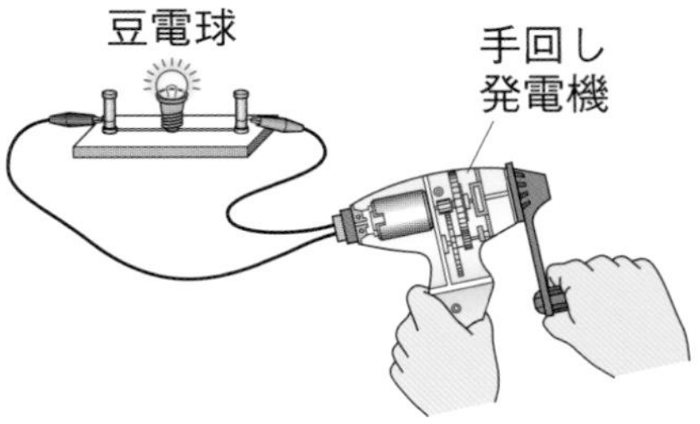

(1)　手回し発電機などで電気をつくることを何といいますか。　（　　　　　　　）

(2)　ハンドルをゆっくり回したとき，豆電球の明るさはどうなりますか。次の**ア**～**ウ**から選びましょう。　（　　　）

ア　明るくなる。　　**イ**　暗くなる。　　**ウ**　変わらない。

(3)　(2)のように豆電球が光ったのは，電流がどうなるためですか。次の**ア**～**エ**から選びましょう。　（　　　）

ア　大きくなるため。　　**イ**　同じ向きに流れるため。

ウ　小さくなるため。　　**エ**　逆向きに流れるため。

2 右の図のように，手回し発電機をモーターにつなぎ，1秒間に2回の間かくでAの向きにハンドルを回したところ，プロペラが回転しました。次の問いに答えましょう。

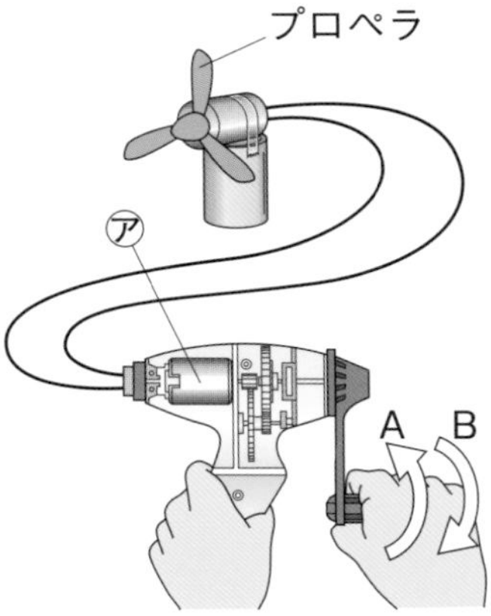

(1)　手回し発電機は，ハンドルを回すことで発電機内の㋐のじくを回転させて発電しています。㋐は何ですか。　（　　　　　　　）

(2)　1秒間に3回の間かくでAの向きに，手回し発電機のハンドルを回しました。このとき，プロペラはどのように回転しますか。次の**ア**～**エ**から選びましょう。　（　　　）

ア　同じ向きに速く回転する。　　**イ**　同じ向きにゆっくり回転する。

ウ　反対向きに同じ速さで回転する。　　**エ**　同じ速さと向きで回転する。

(3)　(2)のようにプロペラが回転したのは，電流がどうなるためですか。
（　　　　　　　　　　　　）

(4)　1秒間に2回の間かくでBの向きに，手回し発電機のハンドルを回しました。このとき，プロペラはどのように回転しますか。(2)の**ア**～**エ**から選びましょう。　（　　　）

(5)　(4)のようにプロペラが回転したのは，電流がどうなるためですか。
（　　　　　　　　　　　　）

❸ 光電池にモーターをつなぎ，モーターの
回転によって走るソーラーカーをつくりま
した。このソーラーカーを使って，条件を
変えたときの走るようすを観察しました。
次の問いに答えましょう。

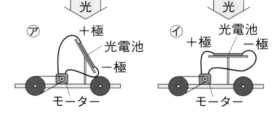

(1) 光電池に同じ強さの光を当てたとき，速く
走るのは，図の㋐，㋑のどちらですか。

（　　　　）

💡 思考力アップ

㋐と㋑で，一定の面積の光電池に当
たる光の量を比べてみよう。

(2) ㋐の光電池に強い光を当てたとき，ソー
ラーカーはどのようになりますか。次のア～ウから選びましょう。（　　　　）

　ア　速く走る。　　イ　ゆっくり走る。　　ウ　止まる。

(3) 図の㋑のソーラーカーの走る向きを逆にするには，どのようにすればよいです
か。次のア～ウから選びましょう。　　　　　　　　　　　　　（　　　　）

　ア　光電池をうすい紙でおおう。

　イ　光電池の＋極と－極が逆になるようにモーターの導線をつなぐ。

　ウ　光電池を２個にふやして，モーターにつなぐ。

🏠 中学へのステップアップ

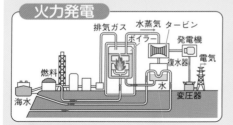
火力発電

石油などの燃料を燃やした熱で水蒸気をつくり，水蒸気
で発電機のタービンを回して発電する。
長所…大きな電気が得られる。
短所…燃料に限りがある。地球温暖化を引き起こす二酸
　　　化炭素が大量に発生する。

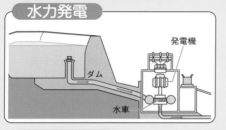
水力発電

ダムにためた水を落とし，水の力で発電機の水車を回し
て発電する。
長所…燃料を燃やす必要がなく，二酸化炭素が発生しな
　　　い。
短所…ダムをつくると自然環境が大きく変わる。

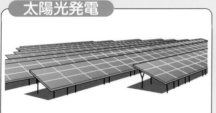
太陽光発電

光電池に光を当て，光から電気をつくる。
長所…燃料を燃やす必要がなく，二酸化炭素が発生しな
　　　い。
短所…天気や時間帯によって発電量が大きく変化する。

答え▶29ページ

9章 電気の利用

20 電気をためる，電気の利用

標準レベル …………… トライしよう

●充電と電気の利用

● 充電　電気をためること。コンデンサーは，充電をする道具である。

🧪実験　コンデンサーにためた電気を利用する

❶ 手回し発電機とコンデンサーをつなぎ，ハンドルを回して発電する。

手回し発電機

❷ ❶のコンデンサーをいろいろな器具につなぐ。

電子オルゴール

モーター

＋極　一極
発光ダイオード

※電子オルゴールと発光ダイオードは導線を逆につなぐと使えなかった。

❗結果　コンデンサーをつなぐと，電子オルゴールは音が鳴り，モーターは回り，発光ダイオードは光った。

★考察　●コンデンサーには電気をためることができる。
　●電気は，音，運動，光などに変えることができる。

🧪実験　豆電球と発光ダイオードのちがいを調べる

同じ量の電気をためたコンデンサーに，豆電球と発光ダイオードをそれぞれつなぎ，明かりがつく時間を比べる。

豆電球

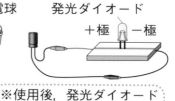
発光ダイオード
＋極　一極

❗結果

	豆電球	発光ダイオード
明かりがついていた時間	16秒	2分42秒

※使用後，発光ダイオードよりも豆電球のほうが熱くなっていた。

★考察　発光ダイオードのほうが長い時間明かりがつくことから，発光ダイオードは，豆電球より少ない量の電気で明かりをつけることができる。

● **電気の利用**　電気は，電気器具によって，**光や音，運動，熱などに変えられて利用されている。**

照明 光 ◀── 電気 ──▶ 音 スピーカー
ドライヤー 熱 運動　　運動 せん風機

● **プログラミング**　電気器具を自動的に動作させるためのコンピュータによる指示をプログラムといい，プログラムをつくることをプログラミングという。

1 図1のように，手回し発電機とコンデンサーをつないで，手回し発電機のハンドルを回しました。次に，そのコンデンサーを，図2のいろいろな器具につなぎました。あとの問いに答えましょう。

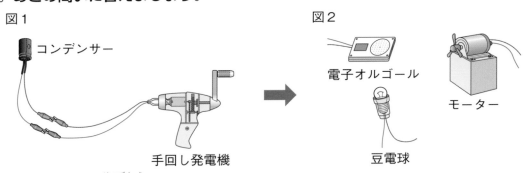

図1　　コンデンサー　　手回し発電機

図2　　電子オルゴール　　モーター　　豆電球

(1) 図1で手回し発電機のハンドルを回した後，コンデンサーを，図2の電子オルゴール，モーター，豆電球につないだとき，それぞれどうなりましたか。

電子オルゴール（　　　　　　　　）
モーター（　　　　　　　　）
豆電球（　　　　　　　　）

(2) (1)より，コンデンサーは何をする道具であるとわかりますか。次のア，イから選びましょう。　　　　　　　　　　　　　（　　　　）

ア　電気をつくる道具　　　イ　電気をためる道具

2 手回し発電機で2つのコンデンサーにそれぞれ同じ量の電気をためました。次に，右の図のようにこれらのコンデンサーを発光ダイオードと豆電球につなぎました。次の問いに答えましょう。

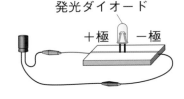

発光ダイオード
＋極　　−極

(1) 2つのコンデンサーにどのように電気をためますか。次のア，イから選びましょう。　　（　　　　　）

ア　手回し発電機のハンドルを，同じ速さで同じ回数回す。

イ　手回し発電機のハンドルを，同じ速さでちがう回数回す。

豆電球

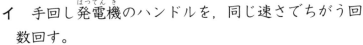

(2) 長い時間，明かりがついているのは，発光ダイオードと豆電球のどちらですか。
（　　　　　　　　　　）

学習した日　　月　　日

20 電気をためる，電気の利用

答え▶29ページ

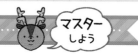

ハイレベル　マスターしよう

1 **豆電球と発光ダイオードの電気を使う効率について調べるため，次の実験をしました。あとの問いに答えましょう。**

実験　図1のように，コンデンサーに手回し発電機をつなぎ，ハンドルを回して，2つのコンデンサー㋐と㋑に電気をためました。次に，図2のように，コンデンサー㋐を豆電球に，コンデンサー㋑を発光ダイオードにそれぞれつないだところ，豆電球は15秒間，発光ダイオードは140秒間明かりがついていました。

図1

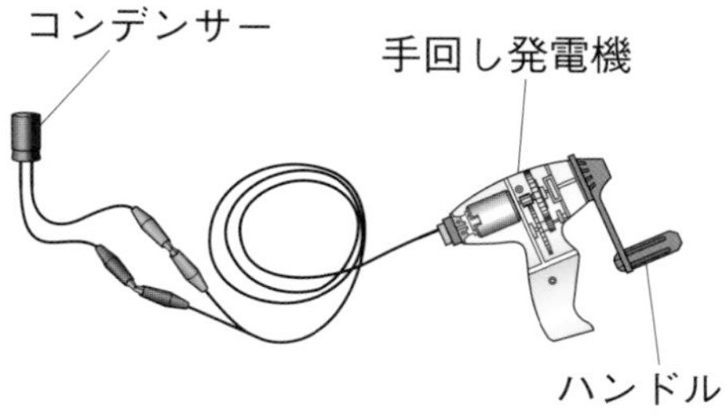

図2

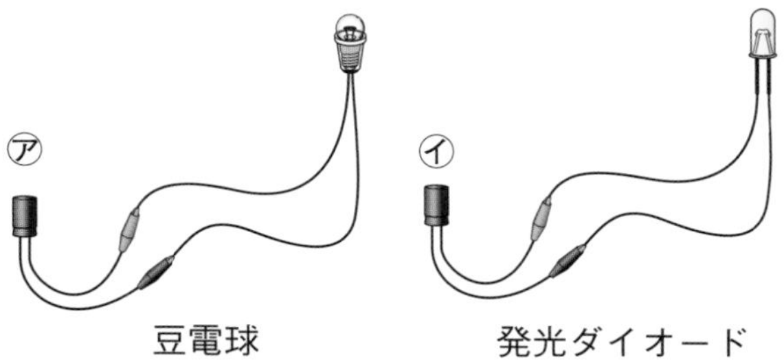

(1)　コンデンサーと手回し発電機は，どのようなはたらきをする器具ですか。次の**ア**～**ウ**から選びましょう。

コンデンサー（　　　　）　手回し発電機（　　　　）

ア　電気をつくる器具

イ　電気をためる器具

ウ　電気を光に変える器具

(2)　下線部のように，2つのコンデンサー㋐と㋑に電気をためるとき，どのようにハンドルを回しますか。次の**ア**～**ウ**から選びましょう。（　　　　）

ア　コンデンサー㋐のときよりもコンデンサー㋑のときに多く回す。

イ　コンデンサー㋐のときよりもコンデンサー㋑のときに少なく回す。

ウ　コンデンサー㋐も㋑も同じ回数だけ回す。

(3)　(2)のようにして，ハンドルを回したのはなぜですか。「電気」「量」という言葉を用いて答えましょう。

（　　　　　　　　　　　　　　　　　　　　）

(4)　同じ時間，明かりをつけるのに必要な電気の量が多いのは，豆電球と発光ダイオードのどちらといえますか。（　　　　）

(5)　実験の結果から，電気を効率よく光に変えることができるのは，豆電球と発光ダイオードのどちらといえますか。（　　　　）

❷ 図1のように手回し発電機にコンデンサーをつなぎ，ハンドルを回転させました。次に，このコンデンサーを，図2のようにそれぞれの器具につなぐと，ふつうに使用することができました。あとの問いに答えましょう。

図1

手回し発電機

図2

電子オルゴール

モーター

＋極　一極

発光ダイオード

(1) コンデンサーを図2の器具につなぎ，ふつうに使用しているとき，電気は何に変わっていますか。

電子オルゴール（　　　　　　　）　モーター（　　　　　　　）

発光ダイオード（　　　　　　　）

(2) コンデンサーとそれぞれの器具の導線を，図2のときとは逆につなぎました。このときの器具のようすを，次のア～クから選びましょう。

電子オルゴール（　　　　　）　モーター（　　　　　）

発光ダイオード（　　　　　）

ア　音楽が鳴った。　　　イ　音楽が鳴らなかった。

ウ　同じ向きに回った。　　エ　逆向きに回った。　　オ　回らなかった。

カ　光ったり消えたりした。　キ　光った。　　　　ク　消えた。

❸ 下の図は電気を変えて使用する器具です。あとの問いに答えましょう。

ⓐ

電気スタンド

ⓘ

スピーカー

ⓤ

電気ストーブ

ⓔ

洗たく機
（洗うとき）

(1) 図の器具は，電気を何に変えて使用しますか。次のア～エから選びましょう。

ⓐ（　　　　　）　ⓘ（　　　　　）　ⓤ（　　　　　）　ⓔ（　　　　　）

ア　音　　イ　光　　ウ　熱　　エ　運動

(2) 電気スタンドの電球をさわると熱くなっていました。このことから，電気は，目的とするもの以外の何に変わっていることがわかりますか。(1)のア～エから選びましょう。　（　　　　　）

9章 電気の利用

★★★ チャレンジ テスト

1 手回し発電機に豆電球やモーターをつないでハンドルを回し，それぞれの器具のようすを調べました。次の問いに答えましょう。

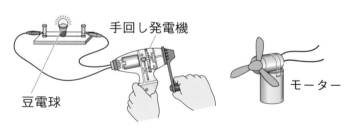
手回し発電機
豆電球
モーター

1つ8〔24点〕

(1) 手回し発電機に豆電球をつないで，ハンドルを回しました。次に，このときよりもハンドルをゆっくり回したとき，豆電球の明るさはどうなりますか。

（　　　　　　　）

(2) (1)のようになったのは，豆電球に流れる電流がどうなったからですか。

（　　　　　　　）

(3) 手回し発電機にモーターをつなぎ，ハンドルを2秒間に1回の速さで回すとモーターは回転しました。次に，ハンドルを1秒間に1回の速さで反対向きに回しました。このとき，モーターはどのように回転しますか。次のア～エから選びましょう。

（　　　　　　　）

ア　モーターは，最初と同じ向きに速く回転する。
イ　モーターは，最初と同じ向きにゆっくりと回転する。
ウ　モーターは，最初と反対向きに速く回転する。
エ　モーターは，最初と反対向きにゆっくりと回転する。

2 光電池にモーターをつなぎ，下の図の㋐～㋒のように光の当て方を変えて，モーターの回り方を調べました。次の問いに答えましょう。

1つ8〔16点〕

(1) ㋐のように，光電池に光を当てるとモーターは回りました。この光電池に当たる光を厚紙ですべてさえぎるとモーターはどうなりますか。

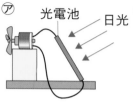
㋐ 光電池　日光
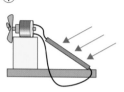
㋑
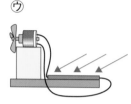
㋒

（　　　　　　　）

(2) モーターの回り方が最もおそいものを，図の㋐～㋒から選びましょう。

（　　　　　　　）

得点　　　　点

3 手回し発電機をコンデンサーにつなぎ，ハンドルを一定の速さで30回回しました。このコンデンサーを豆電球につなぎかえると，豆電球は10秒間光りました。次の問いに答えましょう。

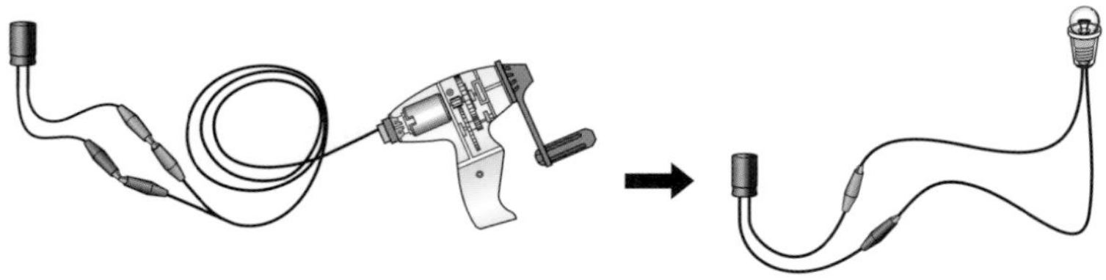

ハンドルを30回回したら，コンデンサーをすばやくはずす。　　豆電球につなぎかえる。

1つ9〔36点〕

(1) ハンドルを一定の速さで40回回してから，コンデンサーを豆電球につなぎかえると，豆電球が光っている時間はどうなりますか。次の**ア**～**ウ**から選びましょう。　（　　　）

ア　10秒よりも長い時間　　**イ**　約10秒　　**ウ**　10秒よりも短い時間

(2) ハンドルを一定の速さで30回回してから，コンデンサーを豆電球と同じ明るさで光る発光ダイオードにつなぎかえると，発光ダイオードが光る時間はどうなりますか。(1)の**ア**～**ウ**から選びましょう。　（　　　）

(3) 電気を効率よく光に変えることができるのは，豆電球と発光ダイオードのどちらですか。　（　　　　　）

(4) 街中で見かける信号機は，電球を用いたものから発光ダイオードを用いたものに変化してきています。しかし，電球を用いた信号機を使い続けている地域もあります。それはどのような地域ですか。理由とともに答えましょう。

（　　　　　　　　　　　　　　　　　　　　　　　　　　　　）

4 下の図の器具について，あとの問いに答えましょう。

1つ6〔24点〕

㋐

せん風機

㋑

ドライヤー

㋒
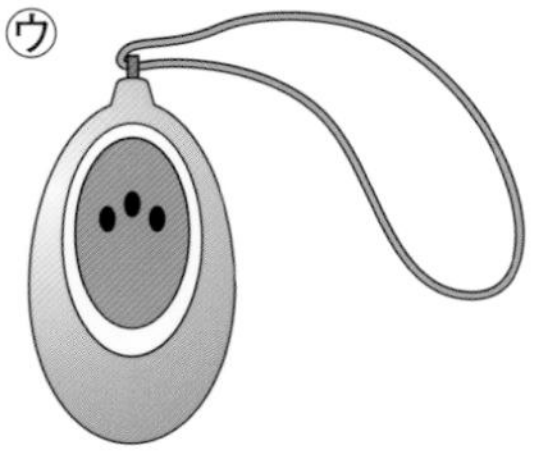
防犯ブザー

㋓

信号機

(1) 次の①，②にあてはまる器具を，図の㋐～㋓から選びましょう。

① 電気を音に変えて利用している。　（　　　）

② 電気を光に変えて利用している。　（　　　）

(2) 電気を運動に変えて利用している器具を，図の㋐～㋓から2つ選びましょう。

（　　　）（　　　）

思考力育成問題

答え▶31ページ

1 空気の入った同じ大きさの3つの集気びんに，それぞれ火のついたろうそくを入れふたをして，5秒後，10秒後，火の消えた後，にとり出しました。次に，火の消えた後の集気びんに石灰水を入れてふると，白くにごりました。下の表は，それぞれのびんの中の気体㋐，㋑，㋒の割合を表したものです。あとの問いに答えましょう。

	㋐	㋑	㋒
ろうそくを入れる前	78%	21%	0.04
ろうそくを入れて5秒後	78%	19%	1%
ろうそくを入れて10秒後	78%	18%	2%
火が消えた後	78%	17%	3%

(1) ㋐，㋑，㋒の気体は，それぞれ何だと考えられますか。それぞれの気体の名前を答えましょう。また，その気体だと判断した理由を下の**ア〜ウ**から選びましょう。

　　　　　　　　　　㋐気体の名前（　　　　　　　　）　理由（　　　　　）
　　　　　　　　　　㋑気体の名前（　　　　　　　　）　理由（　　　　　）
　　　　　　　　　　㋒気体の名前（　　　　　　　　）　理由（　　　　　）

　ア　ものが燃えるとき使われる気体だから。
　イ　ものが燃えるとき出される気体だから。
　ウ　ものが燃えるのに関係しない気体だから。

(2) 火が消えた後にろうそくをとり出した集気びんの中に，もう一度，火のついたろうそくを入れると，火はどうなりますか。次の**ア〜ウ**から選びましょう。また，そのように考えた理由を答えましょう。

　記号（　　　　　）
　理由（　　　　　　　　　　　　　　　　　　　　　　　　　　）

　ア　少し燃えたあとに消える。　　　**イ**　燃え続ける。
　ウ　すぐに火が消える。

(3) 集気びんにふくまれる気体の割合が，ちっ素が50%，酸素が50%の中に，上の実験と同じように火のついたろうそくを入れました。空気中で燃やしたときと比べてどのようになりますか。

　（　　　　　　　　　　　　　　　　　　　　　　　　　　　　　）

❷ 自然界にはさまざまな生き物がいて,「食べる, 食べられる」の関係でつながっています。図1 は,その関係を表したもので, A⇨BはAがBに 食べられることを表しています。次の問いに答え ましょう。

図1

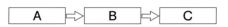

(1) 生き物の「食べる, 食べられる」の関係のことを何といいますか。

( )

(2) ウサギ, キツネ, 草の関係を図1のように表した場合, A〜Cには, ウサギ, キツネ, 草のどれがあてはまりますか。

A ( )
B ( )
C ( )

(3) 生き物の間には,「食べる, 食べられる」 の関係以外に, 気体をとり入れたり, 出し たりする関係も見られます。図2は図1の A〜Cの生き物が, 2種類の気体Xと気体 Yを出し入れしているようすを表したもの で, X→A→Yは, Aが気体Xをとり入れ て気体Yを出しているようすを表していま す。ただし, 図2は完全ではなく, 矢印が 2つぬけています。

図2

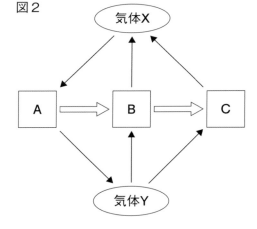

① 気体Xと気体Yはそれぞれ何ですか。

気体X ( )
気体Y ( )

② 図2に, ぬけている2つの矢印をかきましょう。

(4) 今, 地球では空気中の二酸化炭素の増加が大きな問題になっています。空気中 の二酸化炭素が増加したおもな原因として考えられているものを, 次のア〜オか ら2つ選びましょう。 ( )( )

ア 原子力発電所が多くできたから。
イ 森林をたくさん切ったから。
ウ 石灰石を工業用にたくさんとったから。
エ 燃料として石油や石炭をたくさん燃やしたから。
オ 人口が急に増えて, 呼吸の量が増えたから。

3 **ある山のがけに見られる地層の観察をしました。次の㋐～㋓は，この地層の観察記録です。あとの問いに答えましょう。**

・黒い色の土の下には，４つの地層が見られ，どの地層もほぼ水平に重なって見えた。
・**㋐の層**…一番上には赤土の層があり，厚さは2mであった。
・**㋑の層**…㋐の下の層は，白っぽい火山灰の層で，軽石（穴が空いた石）がたくさん入っていた。厚さは50cmで，とてもよく目立った。
・**㋒の層**…㋑の下の層は，また赤土の層で，どろのようにつぶが細かかった。厚さは50cmであった。
・**㋓の層**…一番下の層は，灰色の砂の地層で，厚さは1mあり，アカガイやアサリなどの化石が入っていた。

(1) 上の観察記録をもとに，これらの４つの地層の重なりを，下の地層の記号を使って下の図にかきましょう。

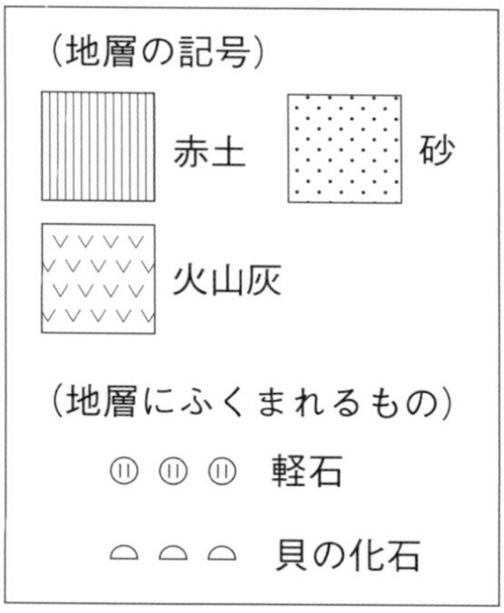

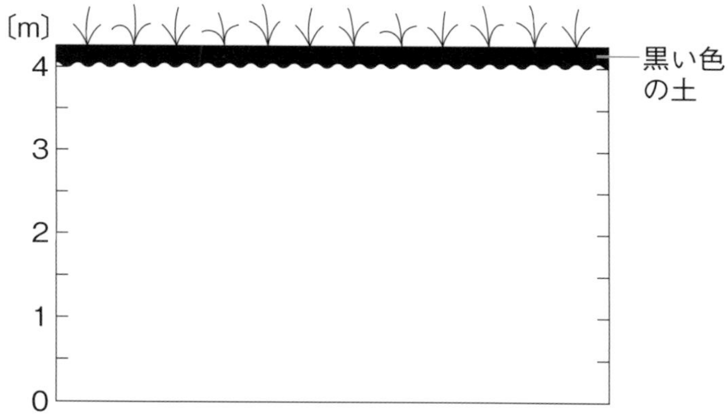

(2) ㋐と㋒の赤土の層をつくるつぶを，そう眼実体けんび鏡を使って調べました。

① そう眼実体けんび鏡にはどのような特ちょうがありますか。

（　　　　　　　　　　　　　　　　　　　　　　　　　　　　）

② 観察したところ，どちらのつぶも角ばったつぶでした。㋐と㋒の層は，どのようにしてできたと考えられますか。

（　　　　　　　　　　　　　　　　　　　　　　　　　　　　）

(3) 観察記録から，㋓の層は，海の底で積もったと考えられます。この層が，今，山のがけに見られるのはなぜですか。その理由を書きましょう。

（　　　　　　　　　　　　　　　　　　　　　　　　　　　　）

しあげのテスト(2) 解答用紙

※解答用紙の右にある採点欄(さいてんらん)の□は，丸つけのときに使いましょう。

学習した日　　月　　日

名前

1

(1)		(2)		(3)	
(4)					

2

(1)	㋐		㋑	
(2)				
(3)				

3

(1)		(2)	
(3)	→ →		

4

(1)	
(2)	→ → → →
(3)	

採点欄

1 ／16 各4点

2 ／12 各3点

3 ／9 各3点

4 ／12 各4点

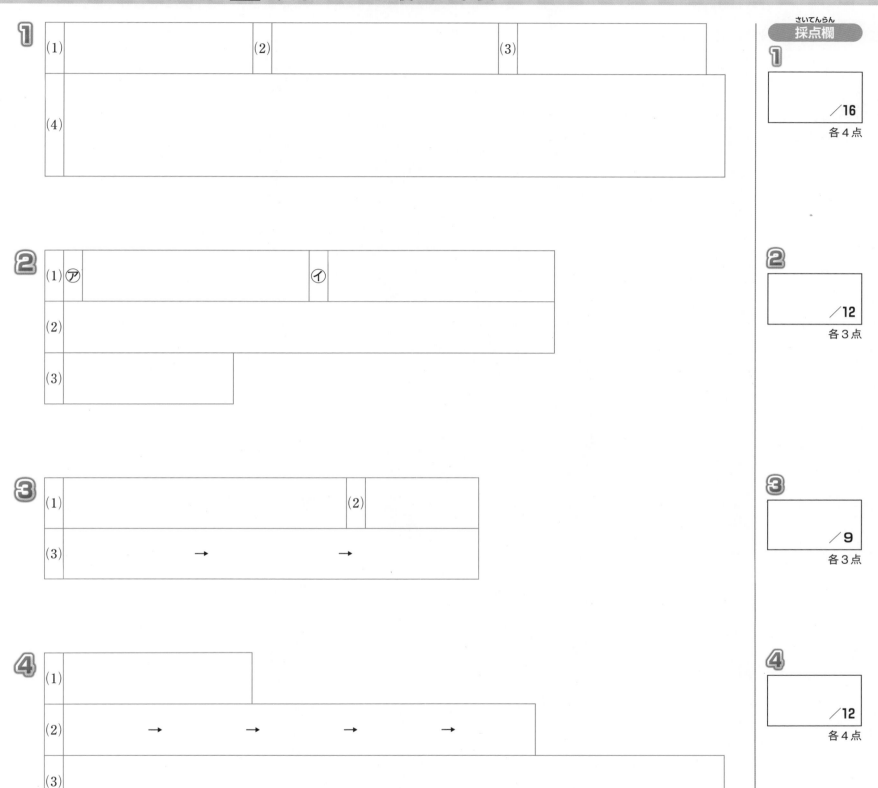

5

(1)	㋐	㋑	㋒
(2)			

6

(1)			
(2)			
(3)	㋐	㋑	
	㋒	㋓	
	㋔		

7

(1)	㋐	㋑	㋒
(2)		(3)	

8

(1)	
(2)	

5 ／16 各４点

6 ／12 各４点 (3)は完答で正解

7 ／15 各３点

8 ／8 各４点

得 点 ／100

5 下の図のように，ボールと電灯（てんとう）を使って，月の形の見え方について調べました。あとの問いに答えましょう。

図１

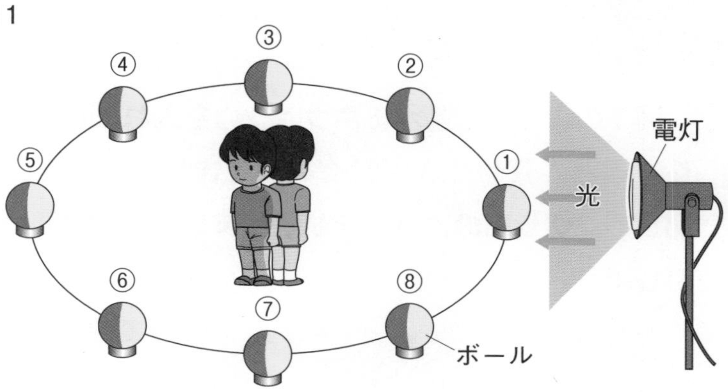

(1) 次の㋐～㋒のような形に見えるのは，ボールがどの位置にあるときですか。図の①～⑧から選びましょう。

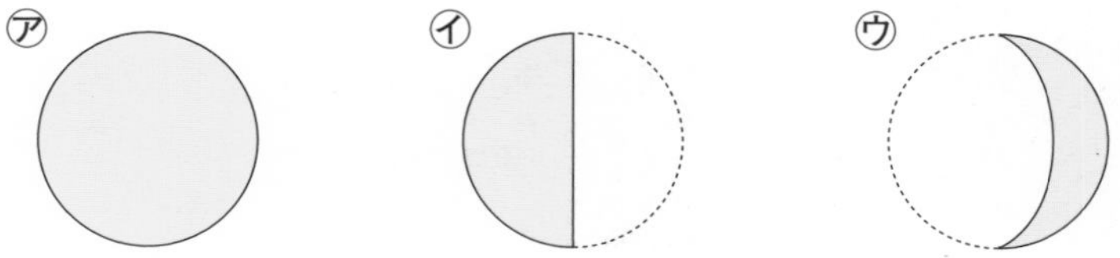

(2) 月が太陽からはなれていくほど，月の明るい部分の形は，満ちていきますか。欠けていきますか。

6 ㋐～㋔の水よう液（うすい塩酸，石灰水（せっかいすい），食塩水，アンモニア水，炭酸水）を区別する実験をしました。あとの問いに答えましょう。

実験１　㋐と㋑はにおいがした。

実験２　㋒と㋓を混ぜると，白くにごった。

実験３　水よう液を蒸発皿にとって熱すると，㋓と㋔は白い固体が残った。

実験４　ガラス棒（ぼう）を用いて青色リトマス紙につけたとき，㋐と㋒は色が変化した。

(1) **実験１**で，水よう液のにおいを調べるとき，どのようににおいをかぎますか。

(2) **実験４**でリトマス紙に水よう液をつけるとき，水よう液を変えるたびにある操作（そうさ）を行います。どのような操作（そうさ）を行いますか。理由もふくめて答えましょう。

(3) ㋐～㋔の水よう液はそれぞれ何ですか。

7 てこのはたらきについて，あとの問いに答えましょう。

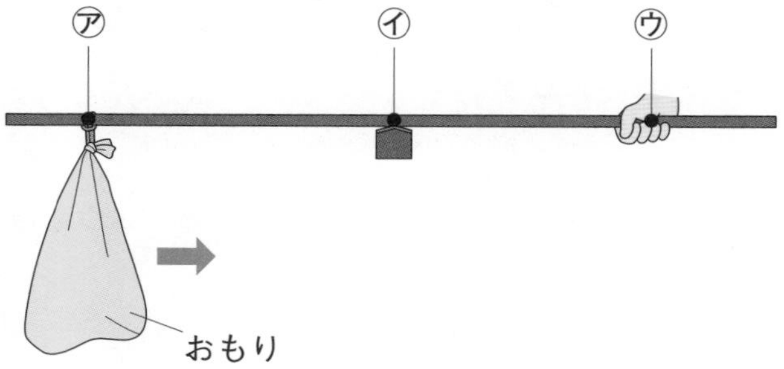

(1) 図の㋐～㋒の位置を，それぞれ何といいますか。

(2) 図の㋐の位置と手ごたえとの関係を調べるとき，位置を変えない点はどれですか。㋐～㋒からすべて選びましょう。

(3) 図の㋐の位置を右へ移動させると，手ごたえはどうなりますか。

8 下の図のように，同じ量の電気をためたコンデンサーを，豆電球と発光ダイオードにそれぞれつないだところ，明かりがつきました。あとの問いに答えましょう。

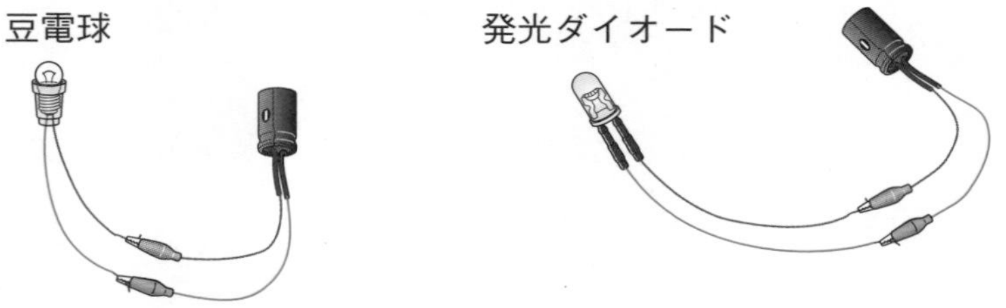

(1) 長い時間明かりがついていたのは，豆電球と発光ダイオードのどちらですか。

(2) 最近の照明は，発光ダイオードを使うものが増えています。電球ではなく，発光ダイオードを使う理由を，「電気の量」という言葉を用いて答えましょう。

もっとサイエンス

相利共生（そうりきょうせい）

カクレクマノミはイソギンチャクの近くでくらしています。イソギンチャクからたくさん出ているしょく手（しゅ）には毒があり，近づく魚などを攻撃（こうげき）しますが，カクレクマノミは，からだの表面から出すねん液のおかげでイソギンチャクには攻撃（こうげき）されません。イソギンチャクの毒をおそれてほかの生き物が近づいてこないので，カクレクマノミはここでは安全にくらすことができます。またカクレクマノミがイソギンチャクの近くで泳ぐことで，イソギンチャクには酸素をたくさんふくむ新鮮（しんせん）な水や食べ残したエサが送られます。このように，生き物どうしがおたがいに利益をもたらし合う関係を相利共生（そうりきょうせい）といいます。

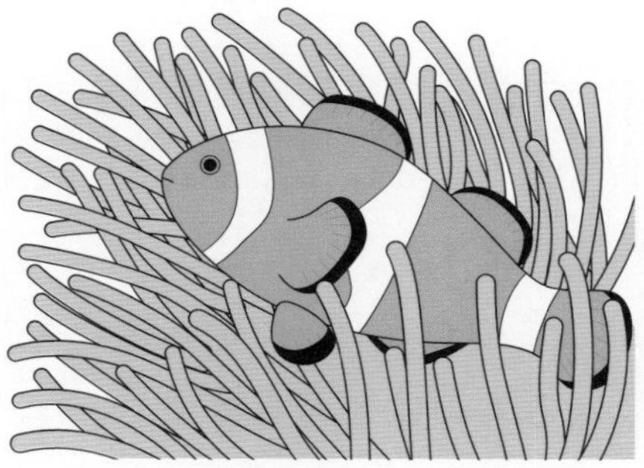

1 ご飯つぶをもみ出した液を㋐と㋑の試験管に入れ，㋐には水，㋑にはだ液を加えました。次に，下の図のように㋐，㋑をあたためた後，うすいヨウ素液を加えました。あとの問いに答えましょう。

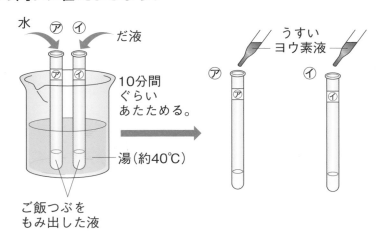

(1) ヨウ素液を加えたとき，色が変化するのは，㋐，㋑のどちらですか。

(2) (1)のとき，何色に変化しましたか。

(3) だ液のはたらきとして正しいものを，次のア，イから選びましょう。
　　ア　体に吸収されやすいでんぷんをつくる。
　　イ　でんぷんを別のものに変える。

(4) だ液のはたらきを調べるときに，水を入れた㋐の試験管を用意するのはなぜですか。

2 次の写真は，地層の中に見られた岩石です。次の問いに答えましょう。

㋐　砂とれき

㋑　どろ

(1) ㋐，㋑の岩石をそれぞれ何といいますか。

(2) ㋐の岩石にふくまれているれきは，どのような形をしていますか。

(3) ㋐と㋑で，河口から遠い海で積もってできたと考えられるものはどちらですか。

3 図1のように，色水にホウセンカを入れました。しばらくすると，葉やくきが赤くなってきたので，くきを横に切って，切り口のようすを観察しました。次の問いに答えましょう。

図1

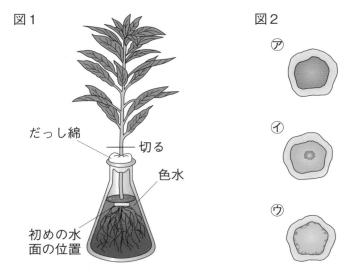
だっし綿
切る
色水
初めの水面の位置

図2
㋐
㋑
㋒

(1) 水にホウセンカを入れてしばらくすると，水面の位置はどのようになっていますか。

(2) くきを横に切ったときのようすを，図2の㋐〜㋒から選びましょう。

(3) 水は葉，くき，根をどのような順で通っていきますか。通る順に並べましょう。

4 食べ物を通した生き物どうしのかかわりについて，あとの問いに答えましょう。

㋐ 植物
㋑ カマキリ
㋒ バッタ
㋓ ワシ
㋔ カエル

(1) 図の㋐〜㋔のうち，自分で養分をつくれるものはどれですか。

(2) 図の㋐〜㋔を，食べられるものから食べるものへと順に並べましょう。

(3) 食物連鎖とはどのようなことですか。文章で表しましょう。

《問題は裏に続きます。》

しあげのテスト(1) 解答用紙

※解答用紙の右にある採点欄の□は，丸つけのときに使いましょう。

学習した日　月　日

名前

1

(1)	㋐		㋑	
(2)				
(3)				

2

(1)	
(2)	
(3)	
(4)	

3

(1)	①		②	
(2)				

4

(1)						
(2)	①		②		③	
(3)						
(4)						

採点欄

1 ／12　各3点

2 ／16　各4点

3 ／8　各4点　(1)は完答で正解

4 ／24　各4点

5

(1) ①   ②

(2) ①   ②

(3)

6

(1)

(2)

7

(1)

(2)

(3)

5 うすい塩酸にアルミニウムを入れ，しばらくしたら，この液を少量とって水を蒸発させると，固体⑦が出てきました。あとの問いに答えましょう。

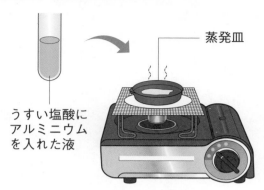

うすい塩酸にアルミニウムを入れた液

蒸発皿

(1) ①アルミニウムと②固体⑦は何色をしていますか。次のア〜ウからそれぞれ選びましょう。

　ア　白色　　イ　銀色　　ウ　黒色

(2) ①アルミニウムと②固体⑦にうすい塩酸をそれぞれ注いだときのようすを，次のア〜ウから選びましょう。

　ア　あわを出してとける。

　イ　あわを出さないでとける。

　ウ　変化が見られない。

(3) この実験から，うすい塩酸にはアルミニウムをどのようにするはたらきがあることがわかりますか。

6 右の図のように，手回し発電機をモーターにつなぎ，ハンドルを1秒間に2回の速さで回しました。次の問いに答えましょう。

モーター

(1) ハンドルを1秒間に1回の速さで回したとき，1秒間に2回の速さで回したときとくらべてモーターはどのように回転しますか。

(2) (1)のようにモーターが回転したのは，モーターを流れる電流がどうなったためですか。

7 あるがけに見られるしま模様を調べました。あとの問いに答えましょう。

図1

(1) 図1の右側の⑤の層からつぶを採取し，かいぼうけんび鏡で観察すると，図2のようなものが見られました。このつぶの特ちょうを，次のア〜ウから選びましょう。

図2

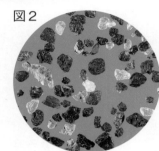

　ア　丸みがある。

　イ　角ばっている。

　ウ　川原のれきに似ている。

(2) 図1の右側の⑤の層は，何のはたらきでできたと考えられますか。

(3) 図1の左側の⑦の層は，右側のどの層とつながっていたと考えられますか。⑦〜⑦から選びましょう。

もっと サイエンス

◆いろいろな天体

太陽系　太陽とそのまわりのさまざまな天体をふくむ空間のこと。

恒星（こうせい）　太陽や星座をつくる星のように自ら光や熱を出す天体。

惑星（わくせい）　地球のように恒星（こうせい）のまわりを円のような道すじでまわる天体。太陽系の惑星（わくせい）には，水星，金星，地球，火星，木星，土星，天王星（てんのうせい），海王星（かいおうせい）の8つがある。

　・水星…太陽系で直径がもっとも小さな惑星（わくせい）。

　・木星…太陽系で直径がもっとも大きな惑星（わくせい）。木目のような模様（もよう）が特ちょう。

　・土星…太陽系で1cm³あたりの重さがもっとも軽い惑星（わくせい）。大きな輪が特ちょう。

衛星（えいせい）　月のように惑星（わくせい）のまわりをまわる天体。木星や土星は，確認されているだけでも60個以上の衛星（えいせい）をもっている。

小惑星（しょうわくせい）　火星と木星の間にあるたくさんの小さな天体。イトカワやリュウグウは，日本の探査機（たんさき）が調査した。

銀河系（ぎんがけい）　太陽系をふくむたくさんの恒星（こうせい）の集団。宇宙（うちゅう）には銀河系（ぎんがけい）のほかにも，このような恒星（こうせい）の集団がたくさんある。

▼天の川（地球から見える銀河系の星々）

しあげのテスト(1)

※答えは，解答用紙の解答欄に書き入れましょう。

時間 30分　　満点 100点

答え▶32ページ

1 下の図のように，集気びんの上や下にすき間をつくり，ろうそくの燃え方を調べました。あとの問いに答えましょう。

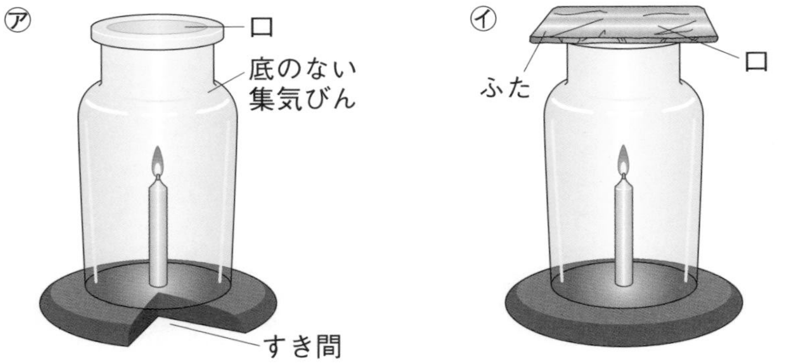
㋐
口
底のない
集気びん
すき間
㋑
ふた
口

(1)　図の㋐と㋑で，ろうそくの火は燃え続けますか，消えますか。

(2)　図の㋐で，下のすき間に火のついた線こうを近づけると，線こうのけむりはどうなりますか。

(3)　ものが燃え続けるには，どのようなことが必要ですか。

2 呼吸により吸う空気とはき出した空気にちがいがあるのかについて，下の図のように石灰水を使って調べました。あとの問いに答えましょう。

㋐吸う空気

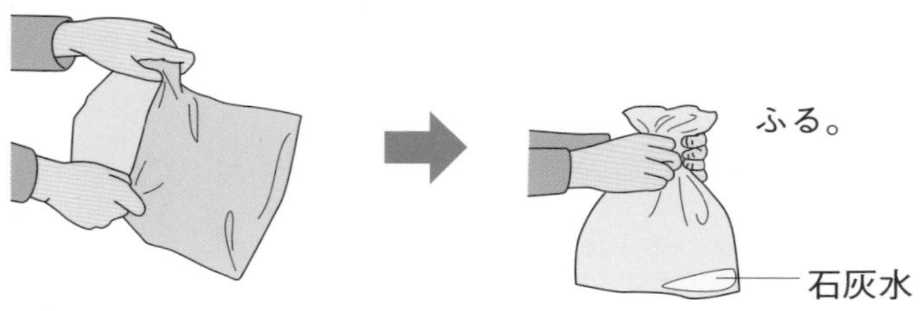
ふる。
石灰水

㋑はき出した空気

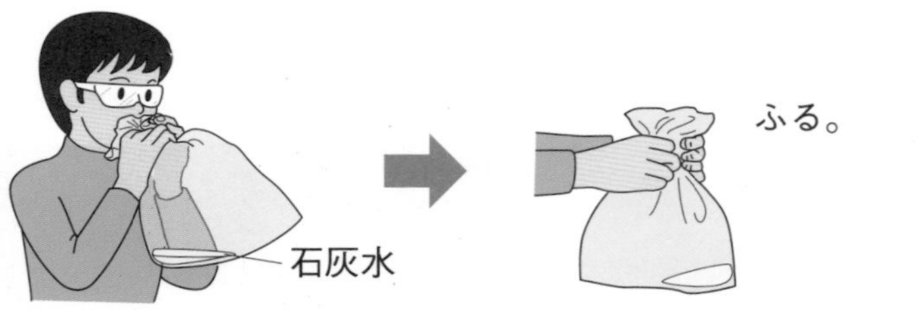
ふる。
石灰水

(1)　ふくろをふったときに石灰水が白くにごるのは，㋐，㋑のどちらですか。

(2)　(1)の結果より呼吸にはどのようなはたらきがあることがわかりますか。

(3)　ふくろに息をふきこんだとき，ふくろの内側がくもりました。このことから，はき出した空気に何が多くふくまれていることがわかりますか。

(4)　ヒトの呼吸は何という臓器で行われていますか。

3 ある晴れた日，㋐のように植物にふくろをかぶせて息をふきこみました。次に，㋑のようにふくろの中の気体の体積の割合を調べた後，日光に当て，1時間後にふくろの中の気体の体積の割合を調べました。次の問いに答えましょう。

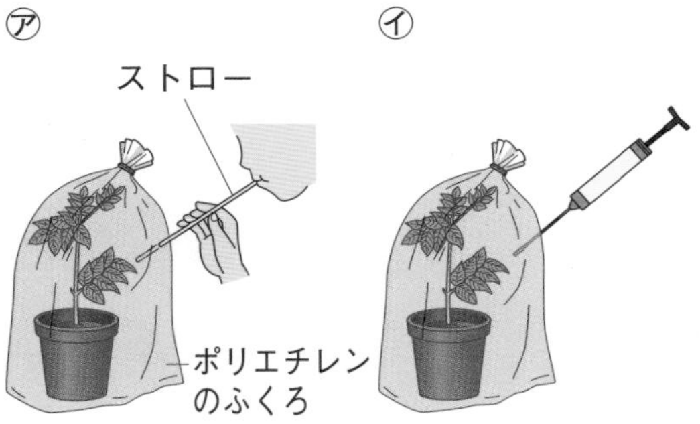
㋐
㋑
ストロー
ポリエチレン
のふくろ

(1)　植物を日光に当てた後，ふくろの中の①酸素と②二酸化炭素の体積の割合はどうなっていますか。

(2)　(1)のような結果になったのはなぜだと考えられますか。「でんぷん」という言葉を使って理由を答えましょう。

4 月と太陽について，次の問いに答えましょう。

(1)　右の写真は，月の表面を拡大したときのようすです。[あ]の丸いくぼみを何といいますか。

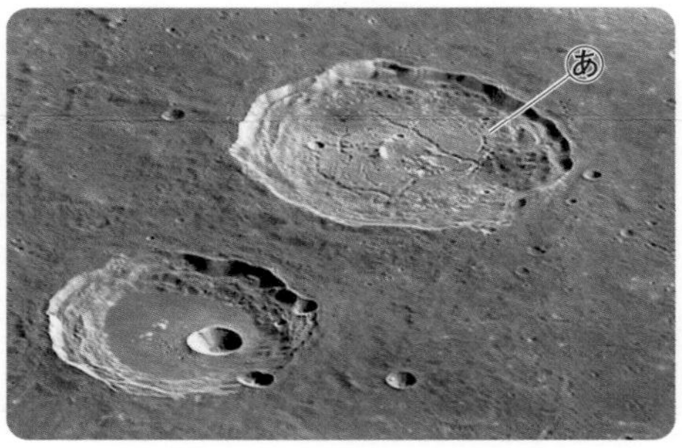
あ

(2)　次の①～③の文のうち，月だけにあてはまるものは**ア**，太陽だけにあてはまるものは**イ**，月と太陽のどちらにもあてはまるものは**ウ**を書きましょう。

①　球形である。

②　自ら光を出して光っている。

③　表面は，岩石や砂におおわれている。

(3)　ある日の夕方，学校で満月を見ました。再び満月を見ることができるのは，約何日後ですか。次の**ア**～**エ**から選びましょう。

ア　約15日後

イ　約21日後

ウ　約30日後

エ　約45日後

(4)　月が満ち欠けして見えるのはなぜですか。「月」，「太陽」という言葉を使って書きましょう。

《問題は裏に続きます。》

トクとトクイになる！

小学ハイレベルワーク

理科 **6**年

答えと考え方

「答えと考え方」は，
とりはずすことが
できます。

1 ものが燃え続ける条件

[標][準]レベル＋　4〜5ページ

[1] (1)㋑，㋒
(2)①空気の流れ
②㋑入る。 ㋒入る。
(3)常に空気が入れかわるから。

[2] 図1

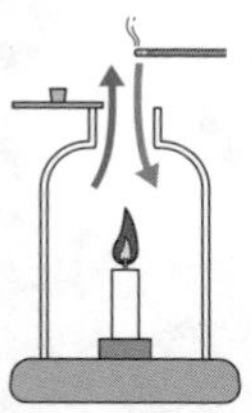

図2

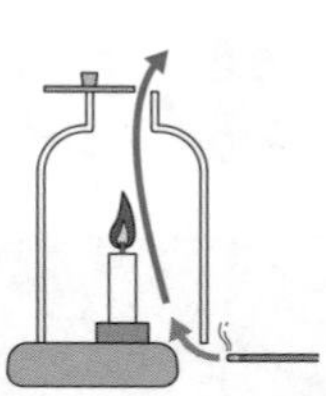

考え方

[1] (1) びんの上と下にすき間のある㋒では，空気が下のすき間から入り，上のすき間から出ていきます。そのため，常に空気が入れかわり，ろうそくが燃え続けます。㋑では，上のすき間から空気が入り，上のすき間から空気が出ていきます。よって，ろうそくは燃え続けますが，㋒ほど効率よく空気が入れかわりません。空気が入れかわることができない㋐や㋓では，ろうそくの火は消えます。
(2) 線こうのけむりは，空気の動きとともに移動します。㋒では，空気が下のすき間からびんの中に入り，上のすき間から出ていくので，線こうのけむりも同じように移動します。
(3) ㋑，㋒では，常に空気が入れかわり，新しい空気がびんの中に入っていくので，ろうそくが燃え続けます。

[2] 図1のように，上だけにすき間があるびんでは，けむりは上のすき間から流れこんで，上のすき間から出ていきます。図2のように，上下にすき間のあるびんでは，けむりは下のすき間から流れこんで，上のすき間から出ていきます。

[ハ][イ]レベル＋＋　6〜7ページ

[1] (1)㋑　(2)空気が下から上へと移動するから。
(3)空気の通り道が少なくなるので燃えにくくなる。

[2] (1)まきの間にすき間がなく，空気の通り道がないから。
(2)うちわであおぐと，空気が移動しやすくなるから。
かなあみで下にすき間をつくると，空気の通り道ができるから。

[3] (1)イ
(2)あたためられた空気は下から上へ動くので，びんの下と上にすき間のある㋑のほうが新しい空気が入ってきやすいから。
(3)①[あ]ア　[い]イ　②消える
(4)燃えている部分の空気が入れかわらないようにするため。

考え方

[1] (1)(2) かんの中で木を燃やすとき，下にあながあると，空気が下のあなからかんの中に入り，上から出ていきます。そのため，木がよく燃えます。
(3) かんの中に木をたくさん入れると，空気が通るすき間がせまくなり，空気が入れかわりにくくなります。

[2] (1) 図1のように，すき間なくまきをならべると，火をつけても新しい空気がふれることができないので，まきはほとんど燃えません。
(2) うちわであおぐと，燃えている部分に新しい空気が入ってくるので，まきがよく燃えるようになります。また，かなあみで下にすき間をつくると，下から上への空気の通り道ができるので，まきがよく燃えるようになります。

[3] (1)(2) ろうそくの火であたためられた空気は軽くなります。よって，㋑では，あたためられた空気がびんの外へ出ていき，その空気の分だけ下から空気が入ってきます。このため，びんの中では空気が下から上に動き，ろうそくの火のまわりの空気が常に入れかわります。
(3) びんの口を完全に閉じた[い]では，上から空気が出ていかなくなるので，下から空気が入ってこなくなり，ろうそくの火は消えます。

2 ものが燃える前後の空気の変化

標準レベル＋　8～9ページ

[1] (1)21%　(2)3%　(3)㋑
(4)①小さくなる。②大きくなる。

[2] (1)㋐酸素　㋑二酸化炭素
(2)②
(3)変わらない。

考え方

[1] (1)(2)　図2の気体検知管の目盛りは，[あ]は燃える前の酸素（21%ぐらい），[う]は燃えた後の酸素（17%ぐらい），[い]は燃える前の二酸化炭素（0.04%ぐらい），[え]は燃えた後の二酸化炭素（3%ぐらい）の結果を表しています。
(3)　石灰水は，二酸化炭素の体積の割合が大きいときに白くにごります。燃えた後の集気びん㋑の中の空気には，二酸化炭素が多くふくまれているので，石灰水が白くにごります。
(4)　ろうそくが燃えると，酸素の一部が使われて，二酸化炭素ができます。ただし，酸素がすべてなくなるわけではありません。

[2] (1)　㋐は21%と17%であることから，酸素の体積の割合を表していることがわかります。また，㋑は0.04%と3%であることから，二酸化炭素の体積の割合を表していることがわかります。
(2)　ものが燃えると，空気中の酸素の体積の割合が小さくなり，二酸化炭素の体積の割合が大きくなることから，①は燃える前の空気，②は燃えた後の空気であることがわかります。
(3)　ちっ素は，ものが燃える前と燃えた後で体積の割合が変わりません。

ハイレベル＋＋　10～11ページ

[1] (1)ウ→エ→イ→オ→ア
(2)（酸素用検知管は）熱くなるから。

[2] (1)△…ちっ素　○…酸素　×…二酸化炭素
(2)㋑
(3)酸素の割合は小さくなり，二酸化炭素の割合は大きくなる。ちっ素の割合は変わらない。

[3] (1)水
(2)㋐空気　㋑ちっ素　㋒酸素
(3)ものを燃やすはたらき。
(4)ロケットに燃料以外に酸素も積む。

考え方

[1] (1)　気体検知管は，両はしを折りとり，Gマークのあるはしにゴムカバーをつけ，もう一方のはしを気体採取器につけます。
(2)　空気をとりこんだ酸素用検知管は熱くなるので，冷めるまでさわらないようにします。

[2] (1)　燃える前の空気中には，体積の割合で，ちっ素がおよそ78%，酸素がおよそ21%，二酸化炭素がおよそ0.04%ふくまれています。このため，最も多い△がちっ素，次に多い○が酸素，最も少ない×が二酸化炭素を表していると考えられます。
(2)(3)　ものが燃えるとき，酸素の一部が使われて，二酸化炭素ができます。このため，燃える前の図と比べて，酸素（○）の数が減り，二酸化炭素（×）が増えていて，ちっ素（△）の数が変わっていないものを選びます。㋐のように，酸素がすべてなくなったり，㋒のように，すべて二酸化炭素になったりすることはありません。

[3] (1)　酸素やちっ素は，水で満たした集気びんの中に入れます。そうすることで，集気びんに入った気体の量がわかりやすくなります。また，集気びんの中でほかの気体と混ざってしまうことも防ぐことができます。
(2)(3)　酸素にはものを燃やすはたらきがあります。そのため，火のついたろうそくを酸素の中に入れると，㋒のように激しく燃えます。一方，ちっ素にはものを燃やすはたらきがありません。そのため，火のついたろうそくをちっ素の中に入れると，㋑のように火が消えます。空気にはおよそ21%の割合で酸素がふくまれているので，火のついたろうそくを空気の中に入れると，㋐のようにおだやかに燃えます。
(4)　ロケットは，空気のうすい大気中や，空気のない宇宙空間で燃料をよく燃やすために，液体にした酸素を積んで飛び立ちます。

チャレンジテスト+++　12～13ページ

1 (1)2倍

(2)比例

(3)㋐

2 (1)まきや炭の下にそう風口とすき間をつくって，空気が下から上に流れるようにしてある。

(2)小さくする。

3 (1)酸素…㋑　ちっ素…㋒

(2)エ

4 (1)水をかけることで燃えている部分が空気にふれなくなる

(2)空気中の酸素が減り，二酸化炭素が増えるから。

考え方

1 (1)　底面積が同じで高さが2倍になるので，体積は2倍になります。

(2)　つつの長さとろうそくが消えるまでの時間の関係を表したグラフは原点を通る直線になるので，比例の関係にあるといえます。

(3)　底面の円の直径が2倍になるということは，円の半径も2倍になっています。半径が2倍になっているということは底面積は4倍になります。したがって，もとのつつと同じ高さで比べた場合，空気の体積は4倍になるので，燃える時間も4倍になります。

2 (1)　まきや炭の下にそう風口やすき間をつくることで，下から上への空気の通り道ができ，いつも新しい空気が流れこむようになっています。

(2)　そう風口のすき間を小さくすると，まきや炭にとどく空気が少なくなり，火が小さくなります。

3 (1)　酸素にはものを燃やすはたらきがあるので，激しく燃えた㋑に酸素が入っているとわかります。ちっ素にはものを燃やすはたらきがないので，火がすぐに消えた㋒または㋓にちっ素が入っていると考えられます。このうち，㋓では，火がすぐに消えたのに石灰水が白くにごったことから，㋓には二酸化炭素が入っていたといえます。よって，もう一方の㋒にちっ素が入っていることがわかります。

(2)　㋐には空気が入っていて，空気中には，酸素が体積の割合で，約21%ふくまれています。㋑には酸素が入っていて，その体積の割合は100%と表すことができます。㋔には，酸素とちっ素が半分ずつ入っているので，酸素が体積の割合で，50%ふくまれています。よって，酸素の割合は，㋑>㋔>㋐となります。酸素が多くふくまれるほど，火がよく燃えるので，㋔では㋐のときと㋑のときの中間ぐらいのいきおいで燃えたと考えられます。

4 (1)　燃えている部分に水をかけると，燃えるために必要な空気にふれられなくなるので，燃え続けることができなくなります。

(2)　石油を燃やすと，酸素が使われ，二酸化炭素が出されます。閉めきった部屋でストーブを使い続けると，空気中の酸素が少なくなって，二酸化炭素が多くなるので，呼吸がしにくくなって危険です。

3 食べ物の消化と吸収

標準 レベル + 　　14〜15ページ

1 (1)あ ア　　い イ
(2)あ ある。　い ない。
(3)イ

2 (1)消化
(2)ア 食道　イ 胃
　　ウ 小腸　エ 大腸
　　オ かん臓
(3)口→ア→イ→ウ→エ→こう門
(4)消化管
(5)ウ

考え方

1 でんぷんにヨウ素液をつけると, 青むらさき色に変化します。あの液をあたためてもでんぷんは変化しませんが, いの液はあたためると, だ液によってでんぷんが別のものに変化しています。そのため, ヨウ素液を入れると, あは青むらさき色に変化しますが, でんぷんが変化してなくなっているいでは色が変化しません。

2 (1) 食べ物を細かくして体内に吸収されやすい養分に変えるはたらきを消化といいます。
(2) かん臓(オ)は, 胃(イ)の上側にある, とても大きな臓器です。かん臓は, 消化管にはふくまれません。
(3)(4) 食べ物は, 口→食道(ア)→胃(イ)→小腸(ウ)→大腸(エ)→こう門を通る間に消化されて, 体内に吸収されます。この食べ物の通り道を消化管といいます。
(5) 消化された養分は, おもに小腸から吸収されます。水は, 小腸だけでなく, 大腸からも吸収されます。

ハイ レベル ++ 　　16〜17ページ

1 (1)ア　　(2)イ
(3)人の体温と条件を同じにするため。
(4)記号…イ　　　色…青むらさき色

(5)でんぷんを別のものに変えるはたらき。
(6)アの試験管のでんぷんの変化が, だ液以外の条件による変化でないことを確かめるため。

2 (1)消化
(2)い 胃　え かん臓　お 大腸
(3)あ ウ　い ア　う イ
(4)○…ウ　△…ア　◎…ア　□…イ
(5)①大きくなる。
　②消化された養分を効率よく吸収できる。

考え方

1 (1) ごはんつぶをもみ出した液には, でんぷんが多くふくまれています。
(2)(3) だ液は, 体温に近い温度のときにはたらくので, ア, イの試験管を40℃の水につけます。
(4)(5) アの試験管の中では, だ液によってでんぷんが別のものに変化しています。一方, イの試験管の中では, でんぷんがそのまま残っています。このため, でんぷんが変化してなくなっているアでは, ヨウ素液によって色が変化しませんが, でんぷんが残っているイでは, 青むらさき色に変化します。
(6) アの試験管だけで実験すると, 水や温度変化によってでんぷんが別のものに変わった可能性を消せません。だ液だけをなくしたイの試験管を準備することで, でんぷんの変化がだ液によるものであることを確認できます。

2 (2)(3) 口(あ)からはだ液, 胃(い)からは胃液, 小腸(う)からは腸液が出されます。
(4) 口に入った直後の○は食べ物です。口から出されただ液, 胃から出された胃液, 小腸から出された腸液などの消化液によって変化した△・◎は消化された養分です。消化された養分は小腸で吸収されるので, 大腸(お)にある□は吸収されなかったものです。
(5) 水や養分を吸収するのは小腸です。小腸の内側は, 細かいひだのようになっていて, そこには無数の柔毛があります。このつくりにより, 小腸の表面積が大きくなるため, 養分を効率よく吸収することができます。なお, 大腸にはおもに水を吸収するはたらきがあります。

4 吸う空気とはく空気

標準 レベル+   18~19ページ

1 (1)ⓘ

(2)ⓐ21%　ⓘ18%

(3)ⓘ

(4)とり入れる…酸素

　　出す…二酸化炭素

2 (1)呼吸

(2)ⓐ肺　ⓘ気管

(3)ⓐ

考え方

1 (1) 石灰水は、二酸化炭素がとけると白くにごる性質があります。吸う空気には二酸化炭素がほとんどふくまれていないので（約0.04%）、ふくろをふっても石灰水の色は変化しません。一方、はき出した空気には二酸化炭素が多くふくまれているので（約3~4%）、ふくろをふると、石灰水は白くにごります。

(2)(3) 図2の気体検知管の色が変わっているところの目盛りを読みとると、ⓐでは21%、ⓘでは18%になっています。空気中には酸素が約21%ふくまれているので、ⓐは吸う空気の結果とわかり、ⓘははき出した空気の結果となります。

(4) はき出した空気（ⓘ）は吸う空気（ⓐ）よりもふくまれる酸素の割合が小さいので、人は空気を吸ったりはいたりするときに、空気中の酸素をとり入れていることがわかります。

2 (2) 吸った空気は、ⓘの気管を通った後、ⓐの肺に入ります。

(3) 空気を吸ったり、はき出したりするとき、空気中の酸素をとり入れ、二酸化炭素を出しています。このため、はき出したⓐの空気には、二酸化炭素が多くふくまれています。

ハイ レベル++   20~21ページ

1 (1)ウ　　(2)ⓘ

(3)(吸う空気と比べて、)はく空気は酸素の割合が小さく、二酸化炭素の割合が大きい。

(4)石灰水

(5)ⓒちっ素　ⓓ酸素

2 (1)ⓐ気管　ⓘ肺　　(2)ア、エ

3 (1)ⓐ肺　ⓘえら

(2)ウサギは空気中の酸素をとり入れ、魚は水中の酸素をとり入れている。

考え方

1 (1) 吸う空気と比べると、はき出した空気には、二酸化炭素のほかに水蒸気も多くふくまれています。そのため、息をふきこむと、ふくろの内側に水蒸気が変化してできた水滴がつき、白くくもります。

(2) 吸う空気を見比べると、ⓐは21%ふくまれているので酸素、ⓘはほとんどふくまれていないので二酸化炭素を調べた結果と考えられます。

(3) ⓐの気体検知管から、はく空気は酸素の割合が小さいことがわかります。また、ⓘの気体検知管から、はく空気は二酸化炭素の割合が大きいことがわかります。

(4) 吸う空気とはく空気の成分を調べる実験では、二酸化炭素の体積の変化を調べるため、石灰水が用いられることがあります。石灰水は、二酸化炭素がとけると白くにごります。

(5) 吸う空気に最もふくまれているⓒの気体はちっ素です。その次に、吸う空気に多くふくまれているⓓの気体は酸素です。

2 (1) 口や鼻は気管（ⓐ）とつながっていて、その先には肺（ⓘ）があります。

(2) 酸素は、吸う空気から肺の血管を流れる血液にとり入れられるので、肺に入る前の血液より肺から出ていく血液のほうが酸素を多くふくみます。また、二酸化炭素は、肺の血管を流れる血液からはく空気に出されるので、肺から出ていく血液より肺に入る前の血液のほうが二酸化炭素を多くふくみます。

3 (1) 陸上で生活する人やウサギは肺で呼吸をし、水中で生活する魚はえらで呼吸をします。

(2) ウサギも、人と同じように、空気中の酸素をとり入れています。それに対して魚は水中の酸素をとり入れています。

5 血液の流れ

標準レベル＋　22～23ページ

[1] (1)㋐肺　㋑心臓
(2)酸素
(3)体中に血液を送り出すはたらき。
(4)はく動
(5)①イ　②多くなる。

[2] (1)じん臓
(2)ぼうこう
(3)にょう
(4)臓器

考え方

[1] (1)　肺は，胸の両側に１対あり，心臓と肺は血管でつながっています。
(2)　肺では，空気中の酸素の一部が血液にとり入れられ，血液からは二酸化炭素が出されます。
(3)(4)(5)①心臓は規則正しく縮んだりゆるんだりして血液を全身に送り出しています。この心臓の動きをはく動といいます。はく動は血管を通して手首や足首などにも伝わり，脈はくとして感じられます。そのため，１５秒間のはく動数と脈はく数は同じになります。
(5)②　運動をすると，体の各部分で酸素や養分が必要となるので，心臓のはく動数が多くなり，血液中にふくまれる酸素や養分が体の各部分に送られます。心臓のはく動数と脈はく数は同じなので，運動後の脈はく数も多くなります。

[2] (1)(2)(3)　体の各部分でできた不要なものは，血液によってじん臓へ運ばれます。じん臓では，不要なものが血液中から水とともにこしとられ，にょうがつくられます。にょうは，一時的にぼうこうにためられた後，体の外に出されます。
(4)　体の中で，生きるために必要なはたらきをする部分を臓器といいます。臓器には，呼吸にかかわるものや，消化や吸収にかかわるもの，血液の流れにかかわるもの，排出にかかわるものなど，さまざまなものがあります。

ハイレベル＋＋　24～25ページ

[1] (1)はく動　(2)㋐二酸化炭素　㋑酸素
(3)小腸
(4)①ウ　②カ　③オ

[2] (1)多くなった。
(2)多くなった。
(3)体の各部分に送り出す酸素の量を増やすため。

[3] (1)水　(2)メダカを生きたまま観察するため。
(3)血液

考え方

[1] (1)　心臓の動きをはく動といい，はく動が血管を伝わって手首などで感じられる動きを脈はくといいます。
(2)(3)(4)　肺で酸素をとり入れた血液は，心臓にもどり，全身に運ばれます。このため，心臓から肺へ向かう血液（ア）には酸素が最も少なく，肺から心臓へと向かう血液（ウ）に酸素が最も多くふくまれています。
じん臓には，血液中の不要物をこしとるはたらきがあります。このため，じん臓へ向かう血液（キ）に不要物が最も多く，じん臓から出ていく血液（カ）に不要物が最も少なくなります。
食べ物が消化された養分は，小腸で吸収され，血液中へとり入れられます。この養分の多い血液は，まずかん臓へ送られます。このため，食後に最も養分の多い血液はオです。

[2] 人は体の各部分で酸素を使って養分を分解して活動のエネルギーを得ています。はげしい運動には筋肉などでたくさんのエネルギーを必要とするため，ふだんよりたくさんの酸素を送り出す必要があります。

[3] (1)(2)　水中で生活しているメダカは，えらで呼吸をしているので，生きたまま観察するには，ビニルぶくろに水を入れておく必要があります。
(3)　メダカの体のすみずみにも血管がはりめぐらされ，血液が全身をめぐっています。

チャレンジテスト+++ 26～27ページ

1 (1)試験管5

(2)でんぷんを別のものに変えるはたらきがある。

(3)だ液がでんぷんを別のものに変えるのは，温度が40℃くらいのときである。

(4)米を口の中でかむと，米の中のでんぷんがだ液とまざり，やがてあまいものに変わるから。

2 (1)心臓

(2)ア，エ

(3)

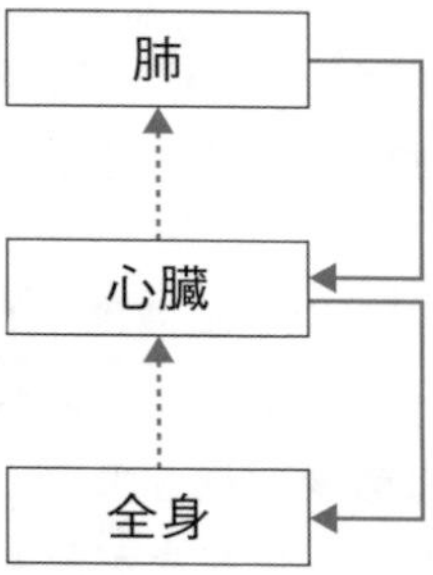

3 $15cm^3$

考え方

1 (1)　ヨウ素液を加えても色の変化がなかった試験管5の中のでんぷんがなくなっていたといえます。

(2)　試験管2と試験管5の条件の違いは，だ液があるかないかなので，試験管5ででんぷんがなくなっていたのは，だ液のはたらきによると考えられます。

(3)　だ液とでんぷんをまぜても，0℃や80℃ではでんぷんが残っていることから，だ液がはたらくには40℃くらいの温度が適していると考えられます。

(4)　口の中でごはんをかみ続けると，ごはんにふくまれるでんぷんがだ液とよく混ざり，でんぷんがあまみのある別のものに消化されます。

2 (1)　図1の㋐は肺や全身に血液を送り出すポンプのようなはたらきをする心臓です。

(2)　肺では，酸素を血液中にとり入れるので，肺を通った後の血液には酸素が多くふくまれています。つまり，肺から心臓へもどる血液(エ)と，心臓から全身に運ばれる血液(ア)に酸素が多くふくまれています。

(3)　心臓→肺→心臓→全身→心臓となるように矢印をかきこみます。このうち，肺→心臓，心臓→全身の矢印は酸素を多くふくむ血液を表す矢印にします。

3　吸った空気中の酸素の割合が20%で，はいた息の中の酸素の割合が17%だったことから，$500cm^3$　のうちの　20－17＝3%が血液中にとりこまれた酸素の体積になります。

$$500 \times \frac{3}{100} = 15cm^3$$

6 植物の体の中の水の通り道

標準レベル＋ 28〜29ページ

[1] (1)赤く染まる。
(2)㋐，㋓
(3)水の通り道
(4)イ

[2] (1)気孔　(2)水蒸気（気体）
(3)蒸散

考え方

[1] (1)(4)　水は，植物の根からとり入れられ，くきを通って，葉へと運ばれます。そのため，しばらくすると，葉のすじは赤く染まります。

(2)(3)　水の通り道は，植物によって決まっています。ホウセンカでは，くきを横に切ると，水の通り道が㋐のように輪のようになっていて，くきを縦に切ると，㋓のように2本のすじとなって並んでいます。

[2] (1)　葉の表面には，三日月形のものに囲まれた[あ]の穴がたくさんあります。この穴を気孔といいます。

(2)　植物の体の中の水は水蒸気となって，気孔から出ていきます。気孔からは，気体の水蒸気が出ていくのであって，液体の水が出ていくことはありません。

(3)　植物の体の中の水が水蒸気となって出ていくことを蒸散といいます。気孔は，葉の表面に多くあるので，蒸散は，葉でさかんに行われます。

ハイレベル＋＋ 30〜31ページ

❶ (1)イ　(2)イ
(3)縦…㋕　横…㋒
(4)㋗　(5)ある。
(6)根→くき→葉

❷ (1)[あ]
(2)葉が多いほうが蒸散で出ていく水の量が多い。
(3)水滴がつく。
(4)[え]
(5)[う]は蒸散により水が空気中に出ていった分軽くなるが，[え]は蒸散によって出ていった水がビニルぶくろの内側につくため重さが変わらないから。

考え方

❶ (1)　ホウセンカは，根がついたまま，土ごとほり上げます。そして，根についた土を水の中で洗い落とします。水は，細い根からもとり入れられるので，細い根を切り落としてはいけません。

(2)　水は根からとり入れられて，くきや葉などを通って運ばれます。そのため，時間がたつにつれて水面の位置が下がっていきます。

(3)　赤く染まった部分が水の通り道です。くきを縦に切った切り口は㋓〜㋕で，横に切った切り口は㋐〜㋒です。このうち，ホウセンカのくきの切り口のようすを選びます。

(4)　葉では，すじのような部分に水の通り道があり，㋗のようにいくつかに集まっています。

(6)　根からとり入れられた水は，くきを通って，葉へと運ばれます。

❷ (1)(2)　蒸散はおもに葉で行われるので，葉の枚数が多い[い]のほうが空気中に出ていく水の量が多くなります。

(3)　蒸散により空気中に出ていった気体の水蒸気が液体の水になりビニルぶくろの内側につき，くもったようになります。

(4)(5)　[う]は空気中に出ていった水の分だけ軽くなりますが，[え]は出ていった水がビニルぶくろ内に残るので，重さは変わりません。

7 植物がでんぷんをつくるしくみ

標準 レベル+　　　　32~33ページ

1 (1)葉に日光を当てないため。

(2)④　　(3)でんぷん

(4)葉に日光が当たると，でんぷんができる。

2 (1)二酸化炭素(にさんかたんそ)…小さくなった。

酸素(さんそ)…大きくなった。

(2)二酸化炭素(にさんかたんそ)をとり入れて，酸素(さんそ)を出す。

考え方

1 (1) 実験を行う前日の午後から葉にアルミニウムはくでおおいをして，日光が当たらないようにしておきます。

(2)(3)(4) ⑦の葉は，ヨウ素液によって変化しないことから，朝の時点では，④と⑦の葉にもでんぷんがなかったことがわかります。

日光に当てた④の葉は，ヨウ素液によって青むらさき色になり，でんぷんができていることがわかります。

アルミニウムはくでおおったままで，日光が当たらなかった⑦の葉は，ヨウ素液によって色が変化せず，でんぷんができていないことがわかります。これらのことから，葉に日光が当たると，でんぷんができるということがわかります

2 植物に日光が当たると，二酸化炭素(にさんかたんそ)をとり入れて，酸素(さんそ)を出します。そのため，④のふくろの中の二酸化炭素(にさんかたんそ)の体積の割合は，⑦のときと比べて小さくなり，酸素(さんそ)の体積の割合は大きくなります。

ハイ レベル++　　　　34~35ページ

❶ (1)ア

(2)⑦変化しない。

④青むらさき色になる。

⑦変化しない。

(3)葉に日光が当たると，でんぷんができること。

❷ (1)二酸化炭素(にさんかたんそ)　　(2)図2

(3)(植物に日光が当たると，)二酸化炭素(にさんかたんそ)をとり入れて，酸素(さんそ)を出すこと。

考え方

❶ (1)(2) 日光に当たっていない⑦と⑦の葉にはでんぷんができていないので，ヨウ素液は変化しません。一方，日光に当たった④にはでんぷんができているので，ヨウ素液は青むらさき色に変化します。このとき，日光を当てる前の⑦の葉にでんぷんがないことを確かめておかないと，④の葉にあったでんぷんが前日からあったものか，日光に当てたときにできたものかの区別ができなくなってしまいます。

❷ (1) 植物は日光に当たると，二酸化炭素(にさんかたんそ)をとり入れて酸素(さんそ)を出します。二酸化炭素(にさんかたんそ)は空気中に少し(0.04%ぐらい)しかふくまれていないので，気体検知管で調べやすいように，初めに息をふきこんで二酸化炭素(にさんかたんそ)の体積の割合を大きくしておきます。そうすると，実験の結果(二酸化炭素(にさんかたんそ)の体積の割合が小さくなったこと)がわかりやすくなります。

(2) 図2の気体検知管は，図1と比べて，酸素(さんそ)の体積の割合が大きく，二酸化炭素(にさんかたんそ)の体積の割合が小さいことから，日光が当たった後の実験2の結果とわかります。

🧻ホッとひといき

❶しょうかえき

❷じょうさん

❸しょうちょう

❹すきま

❺かんぞう

❻にさんかたんそ

❼ちっそ

❽ぼうこう

答え…ようそえき

チャレンジテスト+++ 36～37ページ

1 (1)2cm³

(2)ウ

(3)葉の表…6cm³

葉の裏…15cm³

(4)23cm³

(5)イ

2 (1)エタノールは燃えやすく引火するおそれがあるから。

(2)①㋐　②[あ]

(3)葉に日光が当たるとでんぷんができる。

3 (1)下図

(2)光を当てたなえ

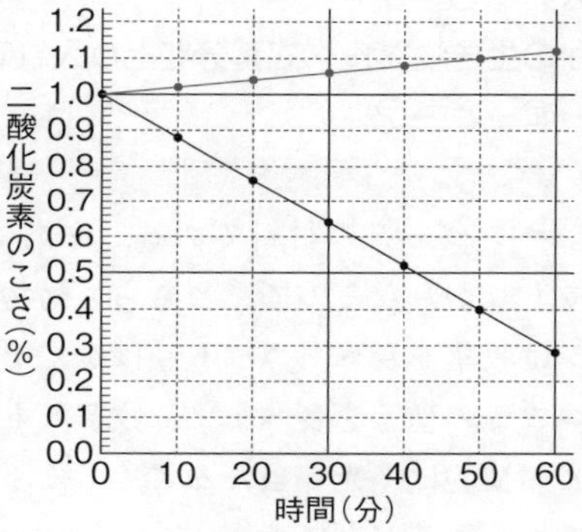

考え方

1 (1)　葉のないDで減った水の量が，くきから出ていった水の量を表しています。

(2)(3)　Bで水が出ていったところは

(葉の裏)＋(くき)

Cで水が出ていったところは

(葉の表)＋(くき)

なので，

葉の裏から出ていった水の量は，

B－Dで表されます。→17－2＝15cm³

葉の表から出ていった水の量は，

C－Dで表されます。→8－2＝6cm³

(4)　Aで水が出ていくところは

(葉の表)＋(葉の裏)＋(くき)なので

15＋6＋2＝23cm³

(5)　各部分から出ていった水の量をくらべると，葉の裏から出ていった水の量が最も多くなっています。葉の裏には，蒸散を行う気孔(きこう)というつくりがたくさんあります。

2 (1)　エタノールは，火がつきやすいので，あたためるときは，アルコールランプなどで直接熱せずに，湯であたためるようにします。

(2)(3)　日光が当たった㋐の葉と，㋒の葉の日光が当たった[あ]の部分にでんぷんができているので，ヨウ素液をつけると，青むらさき色に変化します。

3 (2)　植物は日光に当たると，二酸化炭素(にさんかたんそ)をとり入れて酸素(さんそ)を出します。

8 食べ物を通した生き物のつながり

標準レベル＋　38～39ページ

1 (1)ウ　(2)植物
(3)植物　(4)植物

2 (1)イ
(2)プレパラート
(3)ミカヅキモ
(4)㋐→㋑→㋒
(5)食物連鎖

考え方

1 (1)　カレーライスの材料である，イネ(米)，ニンジン，ジャガイモ，タマネギは植物，ウシは動物です。
(2)(3)　植物は，日光が当たると自分で養分をつくることができます。しかし，動物は自分で養分をつくることができません。そのため，動物は，植物やほかの動物を食べてその中の養分をとり入れます。
(4)　動物のウシは草を食べるので，食べ物のもとをたどっていくと植物にいきつくといえます。

2 (1)　水の中の小さな生き物は，自然の池や川の水の中にすんでいます。水道水は，人が飲めるように消毒してあるので，生き物はいません。
(2)　池の水をけんび鏡で観察するときは，プレパラートをつくって観察します。
(3)　緑色で三日月形をした[あ]の生き物をミカヅキモといいます。ミカヅキモの体の大きさは，ミジンコよりもずっと小さく，ミカヅキモはミジンコにも食べられます。
(4)(5)　陸上の生き物も，水の中の生き物も，生き物どうしには「食べる・食べられる」というくさりのようなつながりがあります。このつながりを食物連鎖といいます。

ハイレベル＋＋　40～41ページ

1 (1)㋐ア，エ　㋑イ，ウ
(2)[あ]ウシ　[い]ニワトリ
(3)[う]でんぷん　[え]植物
(4)草→シマウマ→ライオン
(5)植物

2 (1)スポイト
(2)㋑スライドガラス
㋒カバーガラス
(3)ろ紙
(4)①[あ]ゾウリムシ　[い]ミドリムシ
[う]ミジンコ
②[う]

3 (1)㋐×　㋑○　㋒×　㋓×
(2)ほかの生き物を食べて養分をとり入れている。
(3)㋑→㋓→㋒→㋐

考え方

1 (1)(2)　ハンバークの材料である，牛肉はウシ，卵はニワトリからなるので，どちらも動物です。
(3)　ウシは牧草を食べ，ニワトリはかんそうしたトウモロコシの種子を食べます。牧草とトウモロコシなどの植物は，光が当たると，でんぷんなどの養分をつくることができます。
(4)(5)　ライオンはシマウマなどの動物を食べ，シマウマは草を食べます。つまり，ライオンの食べ物のもとをたどっていっても，最後は植物(草)にいきつきます。

2 (1)(2)(3)　スポイト(㋐)で吸いとった池の水を，スライドガラス(㋑)の上にたらし，その上からカバーガラス(㋒)をかけます。カバーガラスからはみ出した水は，ろ紙(㋓)で吸いとります。
(4)　②けんび鏡の倍率を大きくしないと見えないものは，実際の大きさが小さいからです。つまり，けんび鏡の倍率が最も大きい[い]が実際の大きさが最も小さく，倍率が最も小さい[う]が実際の大きさが最も大きい生き物です。

3 (1)(2)　モズ，カマキリ，バッタはほかの生き物を食べることで養分をとり入れる動物，草は自分で養分をつくることができる植物です。

9 空気や水と生き物のつながり

標準レベル＋　42〜43ページ

[1] (1)[あ]酸素　[い]二酸化炭素
(2)[う]二酸化炭素　[え]酸素
(3)呼吸　(4)ウ
(5)植物

[2] (1)蒸散
(2)雲
(3)にょう

考え方

[1] (1)　㋐の日光が当たる昼間，植物は二酸化炭素をとり入れ，酸素を出しています。
(2)　㋑の日光が当たらない夜間，植物は，呼吸によって酸素をとり入れ，二酸化炭素を出しています。
(3)　すべての生き物は，酸素をとり入れ，二酸化炭素を出す呼吸を行っています。
(4)　植物は，昼間も夜間も呼吸を行っています。昼間，植物が酸素を出しているように見えるのは，植物が出す酸素の量が，呼吸でとり入れる酸素の量よりも多いからです。
(5)　人などの動物は，酸素をつくり出すことができないので，呼吸でとり入れている酸素は，植物がつくったものを使っています。

[2] (2)　空気中の水蒸気の一部は雲になってうかんでいますが，やがて雨や雪となって，地上へふりそそぎます。
(3)　人などの動物が口から飲んだ水は，汗やにょう，はいた息の中の水蒸気として出ていってしまうので，常に水を飲む必要があります。

ハイレベル＋＋　44〜45ページ

[1] (1)㋐
(2)植物の呼吸のはたらきで，酸素の割合が減り，二酸化炭素の割合が増えるから。

[2] (1)㋐酸素
㋑二酸化炭素
(2)①×　②○　③×
(3)㋒のはたらきで植物が出す酸素の量が，呼吸でとり入れる酸素の量よりも多いから。

[3] (1)ウ
(2)A…ア　B…エ
(3)①蒸散
②根からとり入れている。
(4)汗となって出ていく。
にょうとして出ていく。
はいた息から出ていく。

考え方

[1] 箱をかぶせて，植物に光が当たらないようにしておくと，植物は酸素をとり入れ，二酸化炭素を出します。このはたらきを呼吸といいます。表の㋐と㋑の結果を比べると，㋐のほうが酸素の割合が少なく，二酸化炭素の割合が多いので，㋐は植物が呼吸をしたあとの空気を調べた結果とわかります。

[2] (1)　呼吸は，酸素をとり入れ，二酸化炭素を出すはたらきですから，㋐の気体は酸素，㋑の気体は二酸化炭素です。
(2)　①㋒のはたらきは，植物に日光が当たったときにでんぷんをつくるために二酸化炭素をとり入れ，酸素を出すものです。このはたらきは，動物は行うことはありません。
②植物も動物も１日中呼吸をしています。
③㋒のはたらきでは酸素が出ていきますが，呼吸では二酸化炭素が出ていきます。
(3)　日光が当たっている植物は，二酸化炭素をとり入れ，酸素を出しています。このとき，植物は酸素をとり入れ，二酸化炭素を出す呼吸もしていますが，植物が出す酸素の量が，呼吸でとり入れる量よりも多いので，全体として酸素を出しているように見えます。

[3] (2)　A…雨や雪は，空高くにある雲から地表に向かってふってきます。
B…川や海，土の中にふくまれている水は水蒸気となって，地表から空気中へと移動します。液体の水が気体の水蒸気となることを蒸発といいます。
(3)(4)　植物も動物も水が必要ですが，体の中から出ていってしまうため，植物は根から水をとり入れ，動物は口から水をとり入れています。

1 (1)ⓐア　ⓘエ
　　ⓤウ　ⓔオ

　(2)イ

　(3)1925年まではオオカミが減ったことにより食べられる数の減ったシカが増えたが、1925年からはシカが増えすぎて食べ物である草が減ってきたのでシカが減った。

2 (1)ウ

　(2)イ

3 (1)気体A…酸素
　　　気体B…二酸化炭素

　(2)イ

　(3)ア、イ、オ

　(4)ア、イ

考え方

1 (1)　ⓐには草を食べる草食のトノサマバッタ、ⓘには肉食のカマキリ、ⓤには虫などを食べる小形の鳥であるモズ、ⓔには小形の鳥やウサギを食べる大形の鳥であるタカがあてはまります。なお、ホウセンカは植物なので、図の草の部分にあてはまります。

　(2)　ア…動物の食べ物のもとをたどっていくと、必ず植物にいきつきます。

　イ…イタチは、ヘビのほかに、リスやネズミなども食べます。

　ウ…土の中では、落ち葉がミミズに食べられ、ミミズがモグラに食べられるといった食物連鎖がみられます。

　(3)　天敵のオオカミが減ることでシカは増えますが、シカが増えすぎると、シカがえさにする草が減ってシカの数が減ってきます。

2 (1)　実験2では、植物に日光を当てたので、植物は二酸化炭素をとり入れて、酸素を出しています。このため、酸素の体積の割合は大きくなり、二酸化炭素の体積の割合は小さくなります。よって、実験2の二酸化炭素の割合(ⓐ)は、実験1の3%よりも小さくなります。

　(2)　実験3では、植物に日光が当たっていないので、植物は酸素をとり入れ、二酸化炭素を出す呼吸をしています。このため、酸素の体積の割合は小さくなり、二酸化炭素の体積の割合は大きくなります。よって、実験3の酸素の割合(ⓘ)は、実験2の20%よりも小さくなります。

3 (1)　気体Aはすべての生き物がとり入れているので呼吸によりとり入れられた酸素、気体Bはすべての生き物から出されているので呼吸により出された二酸化炭素とわかります。

　(2)　植物は日光が当たっているときに、二酸化炭素をとり入れてでんぷんをつくり、酸素を出しています。

　(3)(4)　アゲハのよう虫はミカンの葉などを食べ、成虫は花のみつを吸います。カブトムシのよう虫は土の中の落ち葉がくだかれたものを食べ、成虫は木のしるを吸います。イナゴは植物の葉を食べます。

5章 月と太陽

10 月の見え方

標準レベル＋　48～49ページ

1 (1)人…地球　電灯…太陽　ボール…月

(2)㋐⑧　㋑⑦　㋒②　㋓④　㋔⑤

(3)月の光って見える側

2 (1)太陽…球形　月…球形

(2)太陽…ア　月…ウ

(3)イ

考え方

1 (1)　光を出す電灯は太陽，光が当たって光って見えるボールは月，いろいろな位置のボールの見え方を見る人は地球にあたります。

(2)　ボールの明るく見える部分が，月の光って見える部分を表しています。図１の人が立っている場所から見ると，①は明るい部分が見えず，②から④へと右側の明るく見える部分が少しずつ増えていき，⑤で㋔のように丸く見えます。そして，⑥から⑧へと明るく見える部分が右側から少しずつ減っていきます（図１の人は，ボールをはさんで反対側から見ているので，図１の⑥から⑧のボールが光って見える向きは右側ではなく，左側であることに注意しましょう）。それぞれの位置のボールが表している月は，①新月，②三日月，③半月（右側が明るい），⑤満月，⑦半月（左側が明るい）です。

2 (1)(2)　太陽と月はどちらも球形をしています。そのうち，太陽は強い光を出して光っていますが，月は自ら光を出さず，太陽の光を反射して光っています。

ハイレベル＋＋　50～51ページ

1 (1)右側

(2)①㋐　③㋓　⑤㋑　⑧㋔

(3)①新月　⑤満月

(4)⑤

(5)（日によって）月と太陽の位置関係が変わるから。

2 (1)イ　(2)太陽の光を反射しているから。

(3)イ　(4)クレーター

3 (1)㋐→㋒→㋑

(2)㋐三日月

㋑半月（上げんの月）

(3)[え]　(4)[え]

(5)イ

考え方

1 (1)　月は，自ら光を出していないので，太陽がある側が光っています。

(2)(3)　月が①の位置にあるときは，地球から月を見ることができません。このときの月を新月といいます。月が⑤の位置にあるときは，丸く光って見えます。このときの月を満月といいます。③，⑦の位置にあるときはどちらも半月ですが，地球の位置からは，光って見える側が反対になります。③の位置にある月は右半分が，⑦の位置にある月は左半分が光って見えます。③と⑦の位置よりも太陽に近い②と⑧の月は半月よりも大きく欠けて見えます。

(4)　⑤の位置の満月は，夕方，東の空からのぼり，真夜中に南の空の高いところを通り，明け方，西の空にしずみます。

2 (1)(2)　太陽は自ら光を出して光っていますが，月は自ら光を出さず，太陽の光を反射して光っています。

(4)　月の表面にある丸いくぼみをクレーターといいます。クレーターは，石や岩が月の表面にぶつかったことでできたと考えられています。

3 (1)　日ぼつ直後に西の空に見える月は，光っている部分が，日ごとに少しずつ増えていき，位置が東のほうへ変わります。

(3)　月の光っている側に太陽があります。また，日ぼつ直後なので，太陽は西の地平線の下にあります。

(4)　１日のうち，月は東からのぼり，南の空を通って西にしずむように位置が変わります。このため，㋐の月は[え]の向きへ移動していき，西にしずみます。

(5)　太陽と月の位置関係は約１か月かけてもとにもどるので，月の形の変化も約１か月でもとにもどります。

❶ (1)ア

(2)図１

(3)ウ

❷ (1)ⓒ

(2)①太陽　②光

❸ (1)①㋖　②㋔　③㋗　④㋒

(2)満月

(3)㋐の位置にある月は，太陽と同じ方向にあるので，光っている部分を１日中見ることができない。

(4)ウ

❹ (1)クレーター

(2)イ

(3)①イ　②ア　③ウ

考え方

❶ (1)　図１の満月が東の空にみられるのは夕方なので，１８時ごろです。

(2)(3)　月は，およそ７日ごとに，新月→右側が光っている半月（図２）→満月（図１）→左側が光っている半月と変化し，約１か月後にもとの新月にもどります。

❷ (1)　夕方に西の空に見られるのは三日月です。また，図では，月の右側に太陽があるので，ⓒのように太陽がある右側が光って見えます。

(2)　月の形が日によって変わって見えるのは，日によって太陽と月の位置関係が変わり，月に光が当たって見える部分が変わるためです。

❸ (1)(2)　㋗の位置の月は右側が光っている半月（④）で，㋖の位置の月は左側が光っている半月（①）です。左側が光っている半月は欠けていき，やがて新月になるので，図１の㋐の位置にある月は③のような形をしています。また，太陽の反対側にある㋔の月は満月（②）です。

(3)　新月（㋐）は，太陽と同じ向きにあるため，１日中見ることができません。

(4)　太陽と月の位置関係は約１か月（約３０日）かけてもとにもどるので，月の形の変化も約１か月（約３０日）でもとにもどります。

❹ (1)(2)　月の表面にある丸いくぼみをクレーターといいます。クレーターは，石や岩が月の表面にぶつかったことでできたと考えられています。

(3)　①太陽は強い光を出して光っていますが，月は自ら光を出していません。

②月の表面は岩石や砂におおわれていますが，太陽の表面は高温のガスにおおわれています。

③月と太陽のどちらも球形をしています。

11 地層の観察

標準レベル＋ 54～55ページ

[1] (1)地層

(2)ウ

(3)イ

[2] (1)㋑

(2)れき→砂→どろ

(3)㋓

(4)㋑

考え方

[1] (1) 地層は，れき，砂，どろなどが層になって重なってできています。

(2) れき，砂，どろは，つぶの大きさで区別します。れきは大きさが2mm以上のつぶです。砂はれきよりも小さいつぶで，どろは砂よりもさらに小さいつぶです。

(3) 地層は，色や大きさがちがうつぶが層になって積み重なっているため，しま模様に見えます。

[2] (1)(4) 火山灰には，㋑のようにガラスのようなとう明なつぶが混じっています。火山灰のつぶには丸みがなく，角ばっています。

(2)(3) れき，どろ，砂は，つぶの大きさで分けています。つぶが大きいものから，れき，砂，どろの順になるので，つぶが最も大きい㋐がれき，次につぶが大きい㋓が砂，つぶが最も小さい㋒がどろの層のようすです。

ハイレベル＋＋ 56～57ページ

[1] (1)ウ

(2)[あ]ウ　[う]ア

(3)①化石　②ア

[2] (1)イ→ウ→ア

(2)ウ

[3] (1)ボーリング試料

(2)ア

(3)㋐れきの層　㋑砂の層

考え方

[1] (2) [あ]の層のつぶは2mm以上なのでれき，[う]の層のつぶは角ばっているので火山灰です。

(3) ①化石には，アサリの貝がらや恐竜の骨などの生き物の体の一部のほかに，巣穴のような生き物が生活していたあともふくまれます。

②アサリは，海の中に生活している生き物なので，[い]の層は海の中でできたと考えられます。

[2] (1) 地層から採取した火山灰のつぶの表面はどろなどでよごれているので，水の中でつぶの表面のこすり洗いをくり返して，よごれを落とします。

(2) 火山灰のつぶは，丸みがなく，角ばっています。また，とう明なものや白色のもの，黒色のものなど，さまざまな色をしています。

[3] (1)(2) 地下のようすを調べるため，地面の下の土などを，機械を使って掘りとることをボーリングといい，掘りとったものをボーリング試料といいます。

(3) がけなどに見られる地層は，地下にもあります。地層のしま模様は，おくや横にも広がっているので，どろの層とどろの層にはさまれた㋐はれきの層，どろの層の下の㋑の層は砂の層だと考えられます。

12 地層のでき方

標準レベル＋　58〜59ページ

[1] (1)砂
(2)㋒
(3)㋕
(4)エ

[2] (1)イ，ウ
(2)火山のはたらき

考え方

[1] (1)(2)　砂とどろをふくむ土を水の中に流しこむと，つぶの大きさによって分かれ，層になって積もります。このとき，つぶの大きい砂の上に，つぶの小さいどろが積もります。

(3)　砂とどろをふくむ土を2回流しこむと，1回目の層の上に2回目の層が積もります。このように，水のはたらきで土が流され，くり返し層になって積み重なることで地層ができます。

(4)　図1のといが川，水そうが海や湖にあたります。砂とどろの層は水そうの水の底にできたので，地層は海や湖の底でできると考えられます。

[2] (1)　図から，このれきは角ばっていて，小さな穴がたくさんあいていることがわかります。

(2)　水のはたらきによってできるれきは，流れる間にほかの石や川底にぶつかり，角がとれて丸みをもつようになります。一方，火山のはたらきによってできるれきは，このような水のはたらきを受けないので，丸みがなく，角ばっています。また，れきができるときに，もとになるもの（マグマ）から気体がぬけるため，たくさんの穴ができます。

ハイレベル＋＋　60〜61ページ

1 (1)とい…イ　水そう…エ
(2)㋐れき　㋑砂　㋒どろ
(3)つぶの小さなどろが最もしずみにくいので，河口から最も遠くに運ばれる。

2 (1)エ
(2)川の流れで運ばれてきたれきが海底などに積もってできた。

3 (1)れき
(2)A…れき　B…砂　C…どろ
(3)河口付近に川の流れで運ばれてきたものが積もって陸地が広がるので，海岸線は㋑の方向に移動する。

4 (1)㋐
(2)地層は下から順に積もるから。
(3)2回
(4)時間とともに積もったつぶの大きさが小さくなっているので，河口から遠くなったと考えられる。

考え方

1 (2)　図2の㋐にはつぶが最も大きいれきが積もり，㋒にはつぶが最も小さいどろが積もります。㋑には，つぶの大きさが中間の砂が積もります。

(3)　つぶの小さなどろはしずみにくいので，川の流れや海流にのって，遠くまで運ばれます。

2 (1)　㋐，㋑のれきを見ると，どちらも角がなく，丸みがあります。

(2)　㋑の川原のれきは，川の水に流されるときに角がとれて丸くなったと考えられるので，㋐の地層の中のれきも，同じように，水のはたらきによって流されてきたれきが海底などに積もって層になったと考えられます。

3 (2)　つぶの大きいものほどしずみやすいので，河口から近い順にれき，砂，どろとなります。

4 (1)(2)　地層は，下に積もった層ほど古い時代のものです。

(3)　火山灰の層が2つあるので，火山の噴火が2回あったと考えられます。

(4)　時間とともに，㋐れき→㋑砂→㋒どろと変化しているので，積もったもののつぶの大きさはしだいに小さくなっています。このことから，この地点の河口からの距離はしだいに遠くなったと考えられます。

13 火山や地震と大地の変化

標準 レベル+　　62〜63ページ

1 (1)ⓐ火山灰　ⓘよう岩

　(2)ⓐ

　(3)イ，エ

　(4)ア，エ

2 (1)断層　(2)地割れ

　(3)津波

考え方

1 (1) 火山が噴火すると，火口から火山灰（ⓐ）やよう岩（ⓘ）が出てきて，大地のようすが変化することがあります。

(2) 火山灰は，細かくて軽いつぶなので，風によって遠くまで運ばれます。

(3) 火山の噴火によって新しい山ができたり，ふき出された火山灰やよう岩で大地がおおわれたり，島が陸続きになったりすることがあります。

(4) 火山は大きな災害を起こすことがありますが，その一方で，温泉や美しい景観，熱を利用した地熱発電などのように，私たちにめぐみをあたえる場合もあります。

2 (1) 大地にずれが生じたときに地震が起きます。このときに生じたずれを，断層といいます。

(2)(3) 大きな地震が起きると，①のように地割れが生じたり，山やがけがくずれたりして，大地のようすが変化することがあります。また，津波という大きな波が広いはんいにおしよせることもあります。

ハイ レベル++　　64〜65ページ

1 (1)断層

　(2)ⓘ…オ　ⓤ…イ

　(3)(海岸からはなれた)高い場所

2 (1)よう岩　(2)図3

　(3)①地　②×

　　③火　④地

考え方

1 (1) 地震は，地下に大きな力がはたらき，断層

というずれができるときなどに起きます。

(2) ⓘきん急地震速報は，地震が起きたときに，これから大きなゆれが起こる地域に向けて，事前にその情報を知らせてくれるもので，スマートフォンやテレビなどを通して提供されます。

ⓤ海底の地下で地震が発生すると，津波という大きな波が海岸へおしよせてくることがあります。

(3) 写真は，津波が起こったときのひ難路を表していて，高い場所へ上れるように階段がつくられています。このように，津波がおしよせてくることがわかったら，すぐに海岸からはなれ，高い場所へひ難することが大切です。

2 (1) 図1のⓐは，火口から流れ出しているので，よう岩です。なお，流れ出たよう岩が冷え固まった岩石もよう岩といいます。

(2) 図2は，地震のゆれによってがけがくずれ，道路がふさがれてしまったようすです。図3は，火山が噴火したときに降ってきた火山灰が農産物をおおってしまったようすです。

(3) ①地震によって，海底などの土地がもち上げられることがあります。

②風の力は，風力発電に利用されます。

③火山は，地下の熱を利用する地熱発電に利用されます。

④学校の校舎などでは，柱を増やすことなどにより建物を補強し，地震のゆれを小さくする対策がとられています。

ホッとひといき

❶にさんかたんそ　❷かざんばい

❸しょくぶつ　❹でいがん

❺みじんこ　❻こきゅう

❼つき　❽じしんそくほう

言葉…たいよう

1 (1)C

(2)ア

(3)C

(4)㋙

(5)近くなった。

2 (1)火山灰の層…㋐　　　砂の層…㋒

(2)化石

(3)ヒマラヤ山脈をつくる地層は海でできた。

3 (1)㋑火山灰　　　㋺よう岩

(2)断層

(3)地震…ア，エ

　　火山…イ，ウ

考え方

1 (1) 火山灰の層は，Aでは地表から10m，B
では5m，Cでは15mの深さにあります。

(2) 火山灰の後に積もったのは火山灰の上にある
層で，どろの層です。

(3) これらの地層はかたむいていないので，火山
灰はすべて同じ標高にあると考えられます。した
がって，火山灰の上にある層が最も厚いCの地表
の標高が最も高いといえます。

(4) 火山灰からみて最も上にあるのはCにある㋙
の層です。

(5) 下の層ほど古い時代に積もったものなので，
㋛（どろ）→㋚（砂）→㋙（れき）の順に積もったと
考えられます。しだいにつぶが大きくなっている
ことから，C地点はしだいに河口に近づいたと考
えられます。

2 (1) 地層は，表面だけではなく，おくまでつな
がっているので，図の左右の地層は，同じ層が重
なっていると考えられます。このため，れきの層
のすぐ下の㋐は火山灰の層，その下の㋑はれきと
砂の層，さらにその下の㋒は砂の層，一番下の㋓
はどろの層であると考えられます。

(2) 地層にふくまれる生き物の体の一部や，生き
物のあとを化石といいます。

(3) ヒマラヤ山脈を作る地層から海の生き物の化
石が見つかったことから，ヒマラヤ山脈を作る地
層は海で積もったと考えられます。

3 (1) 火山が噴火すると，火口から火山灰（㋐）
やよう岩（㋑）が出てきます。

(2) 地震を起こす地面のずれを断層といい，図2
のように断層が地表に現れることがあります。

(3) ア…地震のゆれが大きいと予想されるとき
は，きん急地震速報がスマートフォンやテレビな
どを通して伝えられます。

イ…火山の熱は，地熱発電に利用されています。

ウ…火山が噴火したときにふき出された火山灰は
軽いため，風によって遠くまで運ばれ，農作物を
おおってしまうことがあります。

エ…海底の地下で地震が発生すると，海底の土地
が動くことで海水に力が加わり，津波という大き
な波が海岸付近におしよせることがあります。

14 水よう液にとけているもの

標準レベル+ 　68〜69ページ

1 (1)イ，オ
(2)ア，エ
(3)固体

2 (1)へこむ。
(2)ア
(3)白くにごる。
(4)炭酸水

考え方

1 (1) うすい塩酸とアンモニア水には，つんとしたにおいがあります。
(2)(3) 食塩水と石灰水は，固体がとけている水よう液なので，水を蒸発させると固体が残ります。一方，うすい塩酸，炭酸水，アンモニア水は，気体がとけている水よう液なので，水を蒸発させても何も残りません。

2 (1)(2) ペットボトルの中の二酸化炭素が水にとけたため，まわりの空気におされてペットボトルがへこみます。
(3)(4) ペットボトルの中には，二酸化炭素が水にとけた水よう液が入っており，この水よう液を炭酸水といいます。炭酸水には二酸化炭素がとけているので，石灰水は白くにごります。

ハイレベル++ 　70〜71ページ

1 (1)オ
(2)イ，エ
(3)イ，エ，オ
(4)ア
(5)食塩水…食塩
　うすい塩酸…塩化水素
　炭酸水…二酸化炭素
(6)①○　②×　③×　④×　⑤○

2 (1)イ
(2)二酸化炭素が水にとけたから。
(3)エ

3 (1)ア，ウ
(2)ない。
(3)消える。
(4)ウ

考え方

1 (1) 炭酸水からはあわが出ています。これは，炭酸水にとけていた二酸化炭素が出てきたものです。アンモニア水やうすい塩酸も気体がとけた水よう液ですが，炭酸水のようにあわは出ません。
(2)〜(4) 水よう液の水を蒸発させると，アンモニア水とうすい塩酸では，つんとしたにおいがします。これはにおいのする気体がとけているからです。炭酸水は二酸化炭素がとけている水よう液ですが，二酸化炭素ににおいがないため，炭酸水を熱してもにおいがしません。食塩水と石灰水は固体がとけているので，水を蒸発させると固体が残ります。
(6) ①ものを熱する実験をするときは，窓をあけて換気をします。
②試験管やビーカーには，液を入れすぎないようにします。
③水よう液が手についたら，すぐに多量の水で十分に洗い流します。
④水よう液のにおいは，手であおぐようにしてかぎます。
⑤水よう液がはねて目に入ることを防ぐため，保護めがねをつけるようにします。

2 (1)(2) プラスチックの入れ物の中の二酸化炭素が水にとけるため，入れ物がへこみます。
(3) 入れ物の中の水には二酸化炭素がとけているので，石灰水が白くにごります。

3 (1) 炭酸水は，容器をよくふったり，あたためたりすると，二酸化炭素があわになって出てきます。
(2)(3) 炭酸水から出てきた気体は二酸化炭素です。二酸化炭素にはにおいはなく，燃えない気体なので，火のついた線こうを入れると，線こうの火が消えます。
(4) 二酸化炭素は，石灰水を白くにごらせる性質があります。

15 水よう液の性質

標準レベル＋　72～73ページ

[1] (1)酸性，アルカリ性
(2)イ
(3)ウ
(4)イ

[2] (1)㋐アルカリ性　㋑中性　㋒酸性
(2)㋓イ，オ　㋔ウ　㋕ア，エ

考え方

[1] (1)　リトマス紙には赤色と青色があり，その色の変化で，酸性，中性，アルカリ性の3つになかま分けできます。
(2)　リトマス紙は，手についていたあせなどによって色が変化してしまうことがあるので，ピンセットで持つようにします。
(3)　リトマス紙に水よう液をつけるときは，ガラス棒を使って少量の水よう液をつけます。
(4)　次の水よう液の性質を調べるときは，ガラス棒につけた前の水よう液のえいきょうをなくすため，ガラス棒を水で洗うようにします。

[2] アンモニア水や石灰水などのアルカリ性の水よう液は，赤色のリトマス紙を青色に変える性質があります。
　食塩水などの中性の水よう液は，どちらのリトマス紙の色も変えません。
　炭酸水やうすい塩酸などの酸性の水よう液は，青色のリトマス紙を赤色に変える性質があります。

ハイレベル＋＋　74～75ページ

[1] (1)水で洗う
(2)す…酸性
石けん水…アルカリ性
砂糖水…中性
(3)㋑黄　㋒青　㋓緑

[2] (1)ア
(2)㋐，㋑
(3)酸性
(4)㋓
(5)中性
(6)㋒，㋔
(7)アルカリ性

考え方

[1] (1)　水よう液をつけたガラス棒を水で洗わずにそのまま使うと，前につけた水よう液がついたままです。このため，次の水よう液をリトマス紙につけたとき，正しい結果が得られないことがあります。
(2)　青色のリトマス紙を赤色に変える「す」は酸性，赤色のリトマス紙を青色に変える「石けん水」はアルカリ性，どちらのリトマス紙の色も変えない「砂糖水」は中性です。
(3)　BTBよう液は，酸性で黄色，アルカリ性で青色，中性で緑色になります。

[2] (1)　イ…リトマス紙に水よう液をつけるときは，ガラス棒の先につけた少量の水よう液をつけるようにします。
ウ…水よう液をあつかう実験では，必ず保護めがねをかけます。
(2)(3)　青色リトマス紙を赤色に変える水よう液の性質を酸性といい，うすい塩酸や炭酸水などがあります。
(4)(5)　青色リトマス紙と赤色リトマス紙のどちらの色も変えない水よう液の性質を中性といい，食塩水などがあります。
(6)(7)　BTBよう液を入れると，青色になる水よう液の性質をアルカリ性といい，アンモニア水や石灰水などがあります。

16 金属と水よう液

標準レベル＋　76～77ページ

[1] (1)鉄…イ
　アルミニウム…イ
(2)鉄…ある。
　アルミニウム…ある。

[2] (1)固体㋐…ア
　アルミニウム…ウ
(2)固体㋐…とける。
　アルミニウム…とけない。
(3)イ　(4)イ

考え方

[1] 鉄とアルミニウムにうすい塩酸を注ぐと，どちらもあわを出して，それぞれの金属がとけます。このことから，うすい塩酸には，鉄とアルミニウムをとかすはたらきがあるといえます。

[2] アルミニウムは銀色でつやがあり，うすい塩酸を加えるとあわを出してとけます。うすい塩酸にアルミニウムがとけた液から水を蒸発させたときに蒸発皿に残った固体㋐は白色で，うすい塩酸にあわを出さないでとけます。また，アルミニウムは水にとけませんが，固体㋐は水にとけます。このように，色，うすい塩酸や水を注いだときのようすがちがうので，アルミニウムと固体㋐は，別のものだとわかります。

ハイレベル＋＋　78～79ページ

[1] (1)炭酸水…酸性
　うすい塩酸…酸性
(2)[あ]…ウ　[い]…ウ　[う]…ア　[え]…ア
(3)炭酸水…ない。
　うすい塩酸…ある。
(4)炭酸水…ない。
　うすい塩酸…ある。

[2] (1)①白
②あわを出さずにとける。
③アルミニウム…とけない。
　固体㋐…とける。
④別のもの
(2)①ちがう。
②固体㋑
③別のもの
(3)アルミニウムや鉄などの金属を別のものにするはたらきがある。

考え方

[1] (1)　炭酸水とうすい塩酸は，どちらも酸性です。
(2)～(4)　炭酸水は，鉄やアルミニウムをとかしません。あわが出ているように見えますが，これは，炭酸水から出てきた二酸化炭素です。一方，うすい塩酸を鉄やアルミニウムに注ぐと，それぞれあわを出してとけます。このときに出るあわは水素という気体です。このように，酸性の水よう液には，鉄やアルミニウムなどの金属をとかすものがあります。

[2] (1)　①アルミニウムは銀色ですが，固体㋐は白色です。
②アルミニウムにうすい塩酸を注ぐと，あわを出してとけますが，固体㋐にうすい塩酸を注ぐと，あわを出さずにとけます。
③アルミニウムに水を注いでも変化はありませんが，固体㋐に水を注ぐと，とけます。
④見た目やうすい塩酸や水を注いだときのようすから，アルミニウムと固体㋐は別のものだといえます。
(2)　①鉄は銀色ですが，固体㋑はうすい黄色です。
②鉄にうすい塩酸を注ぐと，あわを出してとけますが，固体㋑にうすい塩酸を注ぐと，あわを出さずにとけます。
③見た目やうすい塩酸を注いだときのようすから，鉄と固体㋑は別のものだといえます。
(3)　これらの実験の結果から，うすい塩酸にはアルミニウムや鉄などの金属を別のものに変化させるはたらきがあることがわかります。

❶ (1)(ペットボトルが)へこむ。

(2)水にとける性質。

(3)白くにごる。

❷ (1)あわを出してとけた。

(2)固体⑦…とけた。

　　鉄…とけなかった。

(3)鉄を別のものにするはたらき。

❸ (1)イ

(2)⑦, ⑤

(3)酸性(さんせい)

(4)イ

(5)⑦石灰水(せっかいすい)

　　⑦アンモニア水

　　⑦炭酸水

　　⑤食塩水

　　⑦うすい塩酸

考え方

❶ (1)(2) 二酸化炭素(にさんかたんそ)は，水にとけるため，ペットボトルがへこみます。

(3) 二酸化炭素(にさんかたんそ)は，石灰水(せっかいすい)を白くにごらせる性質があります。このため，二酸化炭素(にさんかたんそ)がとけた水(炭酸水)に石灰水(せっかいすい)を入れると，液が白くにごります。

❷ (1) 鉄にうすい塩酸を注ぐと，あわを出して，鉄がとけます。このときに出てくるあわは，水素という気体です。

(2)(3) うすい塩酸に鉄がとけた液から出てきた固体⑦は水にとけますが，鉄は水にとけません。このことから，固体⑦と鉄はちがうものであることがわかります。つまり，うすい塩酸には，鉄を別のものにするはたらきがあることがわかります。

❸ (1) 水よう液のにおいをかぐときは，手であおぐようにしてかぎます。

(2) 実験1で，水よう液の水を蒸発(じょうはつ)させたときに，白いものが残った⑦と⑤には，固体がとけています。

(3) 青色のリトマス紙を赤色に変える⑦と⑦の水よう液は酸性(さんせい)，赤色のリトマス紙を青色に変える⑦と⑦の水よう液はアルカリ性，どちらのリトマ

ス紙の色も変えない⑤の水よう液は中性です。

(4) BTBよう液は，酸性(さんせい)で黄色，アルカリ性で青色，中性で緑色になります。

(5) 実験3で，息をふきこんだときに白くにごった⑦は石灰水(せっかいすい)です。

実験1で，白いものが残った⑦と⑤は固体がとけている水よう液であるから，⑤は食塩水です。

実験2で，においがある⑦と⑦は，アンモニア水またはうすい塩酸であり，実験5よりアルカリ性である⑦はアンモニア水であり，実験4より酸性(さんせい)である⑦はうすい塩酸です。

よって，残った⑦は炭酸水です。

8章 てこの規則性

17 てこのはたらき，てこを使った道具

レベル+　　　　　82～83ページ

1 (1)てこ

(2)①記号…イ　名前…支点

②記号…ウ　名前…力点

③記号…ア　名前…作用点

2 (1)イ，ウ

(2)小さくなる。

(3)ア，イ

(4)大きくなる。

考え方

1 (2) てこ（棒）を支えるイの位置を支点，手でてこに力を加えているウの位置を力点，おもりをつり下げた，ものに力がはたらくアの位置を作用点といいます。

2 (1) 図1では，作用点の位置を変えたときの手ごたえのちがいを調べるので，支点と力点の位置は変えません。

(2) 支点から作用点までのきょりが短くなると，手ごたえは小さくなります。

(3) 図2では，力点の位置を変えたときの手ごたえのちがいを調べるので，作用点と支点の位置は変えません。

(4) 支点から力点までのきょりが短くなると，手ごたえは大きくなります。

レベル++　　　　　84～85ページ

1 (1)①名前…力点　　記号…ウ

②名前…支点　　記号…イ

③名前…作用点　記号…ア

(2)B　　(3)ア

(4)イ，エ

2 (1)い　　(2)大きくなる。

(3)小さくなる。　　(4)ア

3 (1)あ力点　　い支点　　う作用点

え作用点　お力点　　か支点

き支点　　く作用点　け力点

考え方

1 (1) てこ（棒）に力を加えているウの位置を力点，てこを支えるイの位置を支点，おもりに力がはたらいているアの位置を作用点といいます。

(2) 図のような支点が作用点と力点の間にあるてこでは，力点をBの向きに下げると，作用点が矢印の向きに上がります。

(3) 作用点（ア）の位置を変えて手ごたえを調べるときは，支点（イ）と力点（ウ）の位置は変えません。

(4) 支点から作用点までのきょりが短いほど，小さな力ですむから，おもりをいの向きに動かします。また，支点から力点までのきょりが長いほど，小さな力ですむから，手の位置をえの向きに動かします。

2 (1) 支点から作用点までのきょりが長いときや，支点から力点までのきょりが短いときに，作用点での力が小さくなるから，支点の位置をいの向きに動かします。

(2) イのてこでは，支点から力点までのきょりが，支点から作用点までのきょりより長くなるので，作用点にはたらく力は，力点に加える力より大きくなります。

(3) ウのてこでは，支点から力点までのきょりが，支点から作用点までのきょりより短くなるので，作用点にはたらく力は，力点に加える力より小さくなります。

3 (2) 支点から力点までのきょりを，支点から作用点までのきょりより長くすることのできる道具では，力点に加えた力よりも大きな力を作用点に加えることができます。アのペンチでは，手でもつ場所（力点）がものをつかむ場所（作用点）よりも支点から遠くなるようにつくられています。

(3) イのピンセットでは，支点から力点までのきょりが，支点から作用点までのきょりより短くなるので，作用点にはたらく力は，力点に加える力より小さくなります。このため，ピンセットは，小さな力で細かい作業をするときに利用されます。

18 てこのつり合い

標準レベル＋　86～87ページ

1 (1)支点　(2)イ　(3)6　(4)右
(5)①6個　②3個　③2個　④1個

2 (1)上皿てんびん　(2)㋐皿　㋑支点　(3)イ

考え方

1 (1) てこ（棒）を支える㋐の位置を支点といいます。
(2) てこをかたむけるはたらきは，おもりの数（重さ）×支点からのきょり　で表すことができ，これが左右のうでで等しくなると，てこが水平につり合います。
(3) 左のうでをかたむけるはたらきは，
1×6＝6
(4) 右のうでをかたむけるはたらきは，2×4＝8であり，左のうでをかたむけるはたらきよりも大きいので，うでは右にかたむきます。
(5) 右のうでのてこをかたむけるはたらきが6になればよいので，
①□×1＝6より，6個
②□×2＝6より，3個
③□×3＝6より，2個
④□×6＝6より，1個
のおもりをつるすとてこがつり合います。

2 (1) 上皿てんびんは，ものの重さをはかったり，水や粉をはかりとったりする道具です。
(3) 上皿てんびんの左右の皿は，支点からのきょりが同じ位置にあります。

ハイレベル＋＋　88～89ページ

1 (1)㋒
(2)㋐○　㋑左　㋒左　㋓右

2 ①120　②60　③6　④3
⑤50　⑥30　⑦5　⑧3

3 (1)最も大きい位置…1
最も小さい位置…4
(2)8個　(3)4の位置

4 (1)×　(2)1個

考え方

1 (1) てこを左にかたむけるはたらきは，
㋐4×1＝4，㋑・㋓4×4＝16，
㋒4×5＝20　よって，㋒が最も大きい。
(2) てこを右にかたむけるはたらきは，
㋐1×4＝4　より，左にかたむけるはたらきと同じなので，水平につり合います。
㋑3×3＝9　より，左にかたむけるはたらきのほうが大きいので，左にかたむきます。
㋒・㋓3×6＝18　より，㋒では左にかたむけるはたらきのほうが大きいので，左にかたむきます。㋓では右にかたむけるはたらきのほうが大きいので，右にかたむきます。

2 ①□×1＝30×4，□×1＝120より，120gのおもりをつるすと，てこはつり合います。
②□×2＝30×4，□×2＝120，□＝60
③30×□＝45×4，30×□＝180，□＝6
④60×□＝45×4，60×□＝180，□＝3
⑤25×6＝□×3，150＝□×3，□＝50
⑥25×6＝□×5，150＝□×5，□＝30
⑦50×4＝40×□，200＝40×□，□＝5
⑧75×5＝125×□，375＝125×□，□＝3

3 (1) 支点からはなれるほど，手ごたえが小さくなります。
(2) 2×4＝□×1，8＝□×1，□＝8
(3) 2×4＝2×□，8＝2×□，□＝4

4 (1) 輪じくの半径は，てこの支点からのきょりにあたり，輪じくにつるしたおもりの数は，てこのうでにつるしたおもりの数にあたります。輪じくを一方の向きに回すはたらきは，おもりの重さ×輪じくの半径　と表されます。
(2) 輪じくを左に回すはたらきは2×15，右に回すはたらきは□×30であり，これらが等しいときに輪じくはつり合います。
2×15＝□×30，30＝□×30，□＝1

ホッとひといき

❶さんせい，あるかりせい
❷きいろ　❸におい
❹さようてん　❺あか
❻みず
答え…てんびん

チャレンジテスト+++ 90~91ページ

1 (1)㋐作用点　㋑支点　㋒力点

(2)図2…㋓　図3…㋘

(3)図3

2 (1)イ

(2)60

(3)㋐60　㋑2　㋒10

(4)4個

3 ㋐…20

㋑…20

㋒…40

㋓…40

4 ㋐…40　㋑…10　㋒…30

考え方

1 (1)　図1のはさみは，支点(㋑)が力点(㋒)と作用点(㋐)の間にあります。

(2)　図2の空きかんつぶし機は，作用点(㋔)が支点(㋓)と力点(㋕)の間にあります。図3の糸切りばさみは，力点(㋗)が支点(㋘)と作用点(㋖)の間にあります。

(3)　糸切りばさみは，支点から力点までのきょりが，支点から作用点までのきょりより短いので，作用点にはたらく力は，力点に加える力より小さくなります。

2 (2)　実験用てこのうでをかたむけるはたらきは，おもりの重さ×おもりの位置(おもりの位置×おもりの重さ)　で求められるので，20×3＝60　なお，うでをかたむけるはたらきは，おもりの数×おもりの位置　で求める場合もありますが，問題文には「表の値を用いて」という条件があるので注意しましょう。

(3)　㋐60＝□×1，□＝60

㋑60＝30×□，□＝2

㋒60＝□×6，□＝10

(4)20×4＝□×2，80＝□×2，□＝40

おもりは1個10gなので，おもりの数は4個です。

3 このような問題では，てこのうでを左にかたむけるはたらきと，右にかたむけるはたらきが等しくなるように式をつくります。

てこのうでをかたむけるはたらきは，

おもりの重さ×支点からのきょり

で表されるので，

図1…80g×10cm＝㋐g×40cm，

800＝㋐×40　㋐＝20

図2…40g×30cm＝10g×20cm＋㋑g×50cm，

1200＝200＋㋑×50　㋑＝20

図3…100g×20cm＝㋒g×50cm

2000＝㋒×50　㋒＝40

図4…てこを左にかたむけるはたらきは，

15g×40cm＋㋓g×30cm

てこを右にかたむけるはたらきは

36g×50cm＝1800

これより

15g×40cm＋㋓g×30cm＝1800

600＋㋓×30＝1800　㋓＝40

4 まず[あ]の棒が水平になるように㋐の重さを決めます。

80g×20cm＝㋐g×40cm，1600＝㋐×40，

㋐＝40

次に[え]の棒が水平になるように㋑の重さを決めます。

30g×10cm＝㋑g×30cm，300＝㋑×30

㋑＝10

[う]の棒は，右側には(30＋10)gのおもりがぶら下がっていて，左右のうでの長さが等しいので，[う]の左うでにぶら下がっているおもりの重さは40gとなります。

次に，㋒の長さを求めるために[い]の棒のつり合いについて考えます。

[い]の棒を左にかたむけるはたらきは，

(40+80)g×20cm＝2400になります。

[い]の棒の右うでにぶら下がるおもりの重さの合計は，(30+10+40)g＝80g　なので，

80g×㋒cm＝2400　より　㋒＝30

となります。

19 電気をつくる

1 (1)電気　(2)発電
　(3)①イ　②ア
　(4)豆電球の光は消える。

2 (1)ア　　(2)エ

考え方

1 (1) 豆電球は電流が流れたときに光ります。

(2) 電気をつくることを発電といいます。家庭用の電気は，火力発電所や水力発電所などでつくられています。

(3) 手回し発電機のハンドルを回す速さをゆっくりにすると，電流が小さくなり，豆電球は暗く光ります。一方，手回し発電機のハンドルを回す速さを速くすると，電流が大きくなり，豆電球は明るく光ります。

(4) 手回し発電機のハンドルを回すのをやめると，電流が流れなくなるので，豆電球の光は消えます。

2 (1) 2個の電灯を使って光電池に光を当てると，1個の電灯のときよりも，強い光が当たります。光電池は強い光が当たるほど，大きな電流がつくられるため，モーターに大きな電流が流れます。そのため，1個の電灯で光を当てたときよりもモーターが速く回ります。

(2) 光電池の上に大きな厚紙をのせてすべてをおおうと，光電池に光が当たらなくなります。そのため，モーターには電流が流れなくなるので，モーターが止まります。

1 (1)発電　(2)イ
　(3)ウ

2 (1)モーター
　(2)ア
　(3)大きくなるため。
　(4)ウ

　(5)逆向きに流れるため。

3 (1)イ
　(2)ア
　(3)イ

考え方

1 (2)(3) 手回し発電機のハンドルをゆっくり回すと，流れる電流が小さくなるので，豆電球は暗く光ります。

2 (1) 手回し発電機の中にはモーターが入っていて，ハンドルを回すとモーターのじくが回ることによって発電することができます。

(2)(3) ハンドルを回す間かくを，1秒間に2回から3回に変えると，ハンドルを速く回すことになります。モーターに流れる電流が大きくなるため，プロペラが速く回転します。

(4)(5) ハンドルを回す向きを逆向きにすると，モーターに流れる電流の向きが逆向きになります。このため，プロペラが反対向きに回転します。なお，ハンドルを回す間かくは変えていないので，プロペラの回転する速さは変化しません。

3 (1) イのように光に対して垂直となるように光電池を向けると，アのときと比べて，一定の面積に当たる光の量が多くなります。そのため，モーターに大きな電流が流れ，ソーラーカーは速く走ります。

(2) 光電池に強い光が当たると，モーターに大きな電流が流れるため，ソーラーカーは速く走ります。

(3) ソーラーカーの走る向きを逆にするには，光電池の＋極と－極が逆になるようにモーターの導線をつないで，モーターに流れる電流の向きを逆にすればよいです。

なお，光電池をうすい紙でおおうと，光電池に当たる光の量が少なくなるので，モーターを流れる電流が小さくなり，ソーラーカーはゆっくり走ります。また，光電池を2個に増やして，モーターにつなぐと，モーターを流れる電流が大きくなるため，ソーラーカーは速く走ります。

20 電気をためる，電気の利用

標準レベル＋　　　96〜97ページ

1 (1)電子オルゴール…音（音楽）が鳴った。

　　モーター…回った。

　　豆電球…光った。

(2)イ

2 (1)ア

(2)発光ダイオード

考え方

1 (1)　電子オルゴールは電気を音に，モーターは電気を運動に，豆電球は電気を光に変える器具です。

(2)　コンデンサーは電気をためることができます。このことを充電といいます。

2 (1)　同じ量の電気をコンデンサーにためて実験をするので，手回し発電機のハンドルを回す速さと回数を同じにします。

(2)　発光ダイオードは，豆電球より少ない量の電気で長い時間明かりをつけることができるので，発光ダイオードのほうが長い時間明かりがついています。

ハイレベル＋＋　　　98〜99ページ

1 (1)コンデンサー…イ

　　手回し発電機…ア

(2)ウ

(3)（コンデンサー㋐と㋑に）同じ量の電気をためるため。

(4)豆電球

(5)発光ダイオード

2 (1)電子オルゴール…音

　　モーター…運動

　　発光ダイオード…光

(2)電子オルゴール…イ

　　モーター…エ

　　発光ダイオード…ク

3 (1)㋐…イ　㋑…ア　㋒…ウ　㋓…エ

(2)ウ

考え方

1 (1)　コンデンサーは電気をためる器具，手回し発電機は電気をつくる器具，豆電球と発光ダイオードは電気を光に変える器具です。

(2)(3)　豆電球と発光ダイオードの電気を使う効率について調べる実験なので，同じ量の電気をコンデンサーにためる必要があります。このため，手回し発電機のハンドルを回す回数を同じにします。

(4)(5)　発光ダイオードは，豆電球より少ない量の電気で明かりをつけることができます。このため，発光ダイオードのほうが電気を効率よく光に変えることができるといえます。

2 (1)　電子オルゴールは電気を音に，モーターは電気を運動に，発光ダイオードは電気を光に変える器具です。

(2)　電子オルゴールと発光ダイオードは＋極と−極があり，正しく導線をつないだときだけ，器具に電流が流れ，音楽が鳴ったり明かりがついたりします。このため，これらの器具の導線を逆につなぐと，電流が流れず，器具が使えなくなります。一方，モーターはどちらの向きに導線をつないでも，電流が流れますが，導線を逆につなぐと，反対向きに電流が流れるので，モーターは逆向きに回ります。

3 (1)　電気スタンドは電気を光に，スピーカーは電気を音に，電気ストーブは電気を熱に，洗たく機は電気を運動に変えて使用しています。

(2)　電気スタンドの電球は，電気を光に変えて使用していますが，電気の一部が熱に変わってしまうため，電球をさわると熱くなっています。

❶ (1)暗くなる。

(2)小さくなったから。

(3)ウ

❷ (1)止まる。

(2)ウ

❸ (1)ア

(2)ア

(3)発光ダイオード

(4)雪の降る地域では，信号機に雪が積もって見にくくなることがあるので，光るときに出す熱で雪をとかすことのできる電球を使い続けている。

❹ (1)①ウ

②エ

(2)ア，イ

考え方

❶ (1)(2) 手回し発電機のハンドルをゆっくり回すと小さな電流が流れるので，豆電球は暗く光ります。

(2)(3) ハンドルを2秒間に1回の速さで回したときより，ハンドルを1秒間に1回の速さで回したときのほうがハンドルを速く回すことになります。このため，モーターに流れる電流が大きくなるので，プロペラが速く回転します。また，ハンドルを回す向きを反対向きにすると，モーターに流れる電流の向きが逆向きになります。このため，プロペラが反対向きに回転します。

❷ (1) 光電池に当たる光を厚紙ですべてさえぎると，モーターに電流が流れなくなるので，モーターは止まります。

(2) アのように，日光に対して垂直になるように光電池を向けると，一定の面積に当たる光の量が多くなります。そのため，モーターに大きな電流が流れ，モーターの回り方が速くなります。一方，ウのように，日光に対して光電池を平行に近い向きへ大きくかたむけると，一定の面積に当たる光の量が少なくなります。そのため，モーターに流れる電流が小さくなり，モーターの回り方がおそくなります。

❸ (1) 手回し発電機のハンドルを30回回したときよりも，40回回したときのほうが，コンデンサーに多くの量の電気がたまっているので，豆電球の光る時間は長くなります。

(2)(3) 発光ダイオードは，豆電球より電気を効率よく光に変えることができるので，少ない量の電気で明かりをつけることができます。このため，同じ量の電気をためたコンデンサーにつなぐと，豆電球のときよりも発光ダイオードのときのほうが光る時間は長くなります。

(4)電球は発光ダイオードに比べて，光るときに多くの熱を出します。

❹ (1) 防犯ブザーは電気を音に，信号機は電気を光に変えて利用しています。

(2) せん風機は電気を運動に変えて利用しています。また，ドライヤーは電気を運動と熱に変えて利用しています。ドライヤーのように，電気を2つ以上のものに変えて利用している器具もあります。

❶ (1)あ気体の名前…ちっ素　理由…ウ

　　い気体の名前…酸素　理由…ア

　　う気体の名前…二酸化炭素　理由…イ

　(2)記号…ウ

　　理由…びんの中にろうそくの火が燃えるだけ
　　の酸素がないから。

　(3)空気中よりはげしく燃える。

❷ (1)食物連鎖

　(2)A…草

　　B…ウサギ

　　C…キツネ

　(3)①気体X…二酸化炭素

　　　気体Y…酸素

　　②

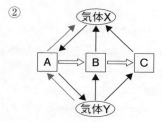

　(4)　イ，エ

❸ (1)

```
[m]
4 ┬───────────────
  │
3 │
  │
2 ┝━━━━━━━━━━━━━━━
  │∨∨∨∨∨∨∨∨∨∨∨∨∨
  │───────────────
1 ┝───────────────
  │ ∘    ∘    ∘  ∘
0 └───────────────
```

　(2)①・両目で見るので，立体的に観察できる。

　　　・観察しながら観察物を動かすことができる。
　　　など

　　②火山の噴火で出されたつぶが積もってでき
　　　た。

　(3)(大きな力が大地に加わり続け，)地層が地上
　　までおし上げられたから。

考え方

❶ (1)　あ～うの気体の割合の変化のしかたを比べ
て，どの気体かを判断します。あの気体は割合が
変化しないので，ものが燃えるのに関係しない
ちっ素，いの気体はしだいに減っているので，燃

えるのに使われる酸素，うの気体は，しだいに増
えているので，燃えるときに出される二酸化炭素
と判断できます。

　(2)　この実験より，酸素の割合が減っていって，
17％になるとろうそくが燃えなくなることがわ
かります。したがって，いちど消えた集気びんに
火のついたろうそくを入れても，すぐに消えてし
まいます。

　(3)　酸素の割合がおよそ17％以上であれば，ろ
うそくは燃えます。酸素の割合が空気中より多い
中では，空気中よりもはげしく燃えます。

❷ (2)　草は，草食動物のウサギに食べられ，ウサ
ギは，肉食動物であるキツネに食べられます。

　(3)　植物（A）については，日光を受けてでんぷ
んをつくるときに二酸化炭素をとり入れる矢印と
酸素を出す矢印がかかれていますが，呼吸による
酸素をとり入れる矢印と二酸化炭素を出す矢印が
ぬけています。

　(4)　イ…植物は光が当たると，空気中の二酸化炭
素をとり入れるので，森林をたくさん切ってしま
うと，このはたらきが少なくなります。そのた
め，空気中の二酸化炭素が減少しにくくなり，二
酸化炭素の増加につながります。

エ…燃料として石油や石炭などを燃やすと，二酸
化炭素が発生します。そのため，これらをたくさ
ん燃やすと，空気中の二酸化炭素が増加します。

❸ (2)　②火山灰は，水のはたらきを受けていない
ので，つぶが角ばっています。

　(3)　海や湖の底でできた地層が地上で見られるの
は，長い間，大きな力が大地に加わり続け，地層
が地上までおし上げられたからです。

しあげのテスト(1)　巻末折り込み

1 (1)㋐燃え続ける。
㋑消える。
(2)集気びんに吸いこまれて口から出る。
(3)空気が入れかわること。

2 (1)㋑
(2)二酸化炭素を体外に出すはたらき。
(3)水蒸気（水）
(4)肺

3 (1)①増えた。
②減った。
(2)植物に日光が当たるとでんぷんができ，そのときに二酸化炭素をとり入れ，酸素を出すから。

4 (1)クレーター
(2)①ウ　②イ　③ア
(3)ウ
(4)太陽と月の位置関係が変わるから。

5 (1)①イ　②ア
(2)①ア　②イ
(3)別のものに変えるはたらき。

6 (1)ゆっくりと回転する。
(2)小さくなったため。

7 (1)イ　(2)火山のはたらき
(3)㋖

考え方

2 ヒトは呼吸により，酸素をとり入れ，二酸化炭素を出しています。二酸化炭素には，石灰水を白くにごらせる性質があります。

3 植物に日光が当たるとでんぷんができます。このとき，二酸化炭素をとり入れ，酸素を出しています。

5 アルミニウムと固体㋐は，見た目やうすい塩酸を注いだときの変化のちがいから，別のものであると考えられます。

6 1秒間に2回から1回の速さに変えると，ハンドルをゆっくり回すことになるので，モーターに流れる電流が小さくなります。

7 (3) 右側の㋓の地層は，左側の上から3つ目の地層とつながっていたと考えられるので，この地層からさらに3つ下の㋐の地層は，右側の㋖の地層とつながっていたと考えられます。

しあげのテスト(2)　巻末折り込み

1 (1)㋐　(2)青むさらき色
(3)イ
(4)だ液を入れた㋑ででんぷんがなくなった変化が，だ液以外の条件で変化していないことを確認するため。

2 (1)㋐れき岩　㋑でい岩
(2)丸みがある。
(3)㋑

3 (1)下がっている。　(2)㋒
(3)根→くき→葉

4 (1)㋐　(2)㋐→㋒→㋑→㋔→㋓
(3)生き物の間の食う・食われるの関係。

5 (1)㋐⑤　㋑⑦　㋒②
(2)満ちていく。

6 (1)手であおぐようにしてかぐ。
(2)水よう液がまざらないようにするためにガラス棒を水で洗う。
(3)㋐うすい塩酸　㋑アンモニア水
㋒炭酸水　㋓石灰水　㋔食塩水

7 (1)㋐作用点　㋑支点　㋒力点
(2)㋑，㋒
(3)小さくなる。

8 (1)発光ダイオード
(2)発光ダイオードは，電球よりも少ない電気の量で光るから。

考え方

1 (1)(2)(3) ㋐ではご飯のつぶにふくまれているでんぷんがそのまま残っているので，ヨウ素液が青むらさき色に変化します。一方，㋑ではだ液のはたらきによってでんぷんが別のものに変化しているので，ヨウ素液の色は変化しません。

6 (3) 実験1で，においがある㋐と㋑は，うすい塩酸・アンモニア水。実験2で，㋒と㋓を混ぜると白くにごったことから，これらは石灰水・炭酸水。実験3で，白い固体が残った㋓と㋔は石灰水・食塩水であるから，㋓は石灰水，㋔は食塩水，㋒は炭酸水。実験4で，青色リトマス紙の色を変えた酸性の㋐と㋒はうすい塩酸・炭酸水であるから，㋐はうすい塩酸。

2 1 0 9 8 7 6 5 4
＊ ＊ D C B A